생물통계학

학술연구총서 • 67

생물통계학

류문일 · 김진수 · 홍기창

KOREA
UNIVERSITY
PRESS
고려대학교
출판문화원

▌책머리에

과학적 연구 방법의 논리적 전개를 포괄하는 통계학적 지식은 모든 과학 분야에서 연구의 수행과 결과의 해석 및 응용 등 각 과정에 타당성을 부여하는 근거이다. 따라서 모든 연구의 수행과 결과의 해석 및 적용과정에서 통계학적인 검정은 필수적인 사항이며 이를 통해서만 연구의 가설, 수행 및 결과 해석과 고찰의 정당성을 설득할 수가 있다. 그러므로 분야에 상관없이 주제의 객관성과 타당성을 인정받기 위해서는 통계학적 논리의 적용이 필수적이며, 이것이 모든 과학 분야 전반에 걸쳐 통계학적 방법이 강의되고 있는 까닭이다. 과학의 각 분야는 각각 상이한 연구 대상과 규모를 가지고 있으므로 그만큼 연구 방법과 적용상에서 차이가 있게 되고, 그런 만큼 분야에 따라 중점적으로 이루어지는 통계학적 전개 방향과 영역에 차이가 있게 된다.

생물통계학은 생물학 전반에서의 가설의 설정과 관찰, 실험, 해석을 논리적으로 행하기 위한 도구과목이다. 그러므로 생물통계학은 통계학적 논리보다도 더 생물학적 논리의 기반 위에서 전개되어야 한다는 과제를 안고 있다. 그러나 지금까지 생물학적인 논리가 미진한 채로 통계학적인 방법만이 강조되어 오고 있으며 이로 인해 생물학을 공부하는 사람들이 통계학적 사고의 필요성을 제대로 이해하지 못하고 있는 것이 사실이다. 생물학적 연구물들에서 통계학적 분석의 오류가 자주 지적되고 뜻있는 연구물들이 제대로의 가치를 인정받지 못하게 되는 것은 이러한 현실의 결과로 생각된다.

오랫동안 생물통계학을 강의해 오면서 생물학을 공부하는 데 통계학이 필수적인 도구과목임을 이해시키고자 하였으나 미진한 점이 많았다. 필자들의 역량 부족이 그 원인이지만 한편으로 좀더 친근한 교재가 필요하다는 생각이 들었고, 그것이 이 책을 시작하게 된 동기가 되었다. 이 책이 저자들의 의도를 조금이라도 충족시킨다면 큰 보람이 될 것이다.

이 책은 생물학 영역에서 연구와 결과 분석 및 해석의 과정에 필요한 통계학적 방법에 대한 기본 입문서이다. 생물학을 공부하는 학생들을 대상으로 한 학기 중 공부할 수 있는 기초적 내용을 담고자 하였으므로 이 범위를 넘는다고 생각되는 부분들은 제외하였다. 저자들의 경험으로 미루어 생물학에 대한 일반적인 연구나 적용에는 별 무리가 없을 것으로 생각한다. 이 책에서 다룬 것 이상의 고급 통계학적 지식이 필요한 경우에는 고급의 독자들을 대상으로 하는 책들이 많이 출판되어 있으므로 참고할 수 있을 것이다.

이 책은 다음과 같은 차례로 구성되어 있다.

제1장부터 3장까지는 생물통계학의 개념과 기본 술어, 자료의 종류 및 수집과 정리 등에 대한 기술통계학(記述統計學)적 방법을 다루었다.

제4장과 제5장에서는 자료를 토대로 하는 추론의 근거가 되는 확률에 대한 기초적인 이론과 확률분포를 다루었다. 특히 정규분포는 통계적 추론의 근간이 되는 확률분포이므로 더욱 집중적인 학습을 요구하고 있다.

제6장은 앞의 내용들을 기반으로 하여 관심의 대상인 모수를 추정하는 문제를 주로 다루었으며, 7장부터 11장에 이르기까지 가설과 가설의 검정 원리

및 실제를 다루었다. 12장 이후에는 서로 상호작용을 하는 둘 이상의 변량들에 대한 통계학적 원리와 실제 적용들에 대해서 설명하였다. 전반적으로 수학적 바탕이 부족한 상황에서도 쉽게 이해할 수 있도록 설명하고자 노력하였다. 중간 중간에 기본적인 이론들을 상자로 삽입한 것은 독자들의 이해를 돕고자 한 것이므로 참고 자료로 활용하면 좋을 것이다. SAS, MINITAB, SPSS 등 통계 분석을 위한 컴퓨터 통계 패키지가 많이 출판되어 쉽게 사용할 수 있으므로 실제 통계분석에서 수작업을 하는 경우는 드물다. 중요한 것은 바른 방법을 바르게 적용하는 것이라고 생각되었기 때문에 이 책에서는 각 통계적 방법의 원리와 가정 및 적용례를 보이는 데 중점을 두었다.

이 책을 집필하게 된 동기를 제대로 충족시키지 못한 채로 일단 마무리하게 되어 자책이 앞선다. 미진한 점도 당연히 많을 것이다. 독자 여러분들의 조언은 이 책을 완성하는 데 큰 도움이 될 것이다. 바쁜 중에도 그림을 그리고 원고를 정리해 준 개체군생태학 실험실 남영우 군과 정성권 군에게 고마움을 전한다. 이 책을 쓰도록 지원해 준 고려대출판부 여러분께 특히 감사한다.

2005년 새해에 著者

차례

제1장 생물통계학의 개념

우리가 자연계의 생명 현상을 이해하고 우리의 생활에 접목하기 위해서는 그 현상들의 인과관계를 아는 것이 필요하다. 생물학을 통해서 우리는 자연의 현상을 관찰하고 관찰한 사실을 토대로 하여 그 현상의 원인과 결과를 유도하는 인과관계(因果關係)를 밝히고자 한다. 그러나 관찰자의 논리적 사고 성향과 지식의 정도에 따라 그 설명은 상당히 다양하게 된다. 나무가 위로 자라는 이유에 대해서도 "나무는 파란하늘을 사랑하기 때문에 하늘에 가까이 가고자 하기 때문이다", "나무 줄기는 땅을 싫어하기 때문이다", "나무는 광합성을 위해 보다 많은 햇빛을 필요로 하기 때문이다" 등의 많은 설명이 가능하다. 그러나 이렇게 가능한 많은 설명 중에서 과학적으로 보편성과 타당성을 지닌 바른 설명은 오직 하나일 수밖에 없다. 하나가 옳다면 다른 설명은 오류이며 부적당한 논리가 된다. 문제는 어떤 설명이 바르며 이 바르다는 사실을 어떻게 증명하느냐이다. 옳다는 것은 "내가 그렇게 말하기 때문에 옳다"고 되는 것은 아니다. 남도 나와 같이 옳다고 생각하여야만 하는 것이다. 그러기 위해서는 그 설명이 틀리지 않다는 사실을 객관적인 논리로 납득시키는 것과 동시에 그 논리가 특수한 현상이 아닌 일반적인 현상임을 다른 사람들에게 납득시켜야 한다. 이러한 보편타당한 설명 논리는 직관적인 사고의 산물일 수도 있고 귀납적인 사고의 산물일 수 있으나 어느 경우든 가설의 설정과 가설의 검정 과정을 거쳐 이루어진다.

사물을 관찰하면서 그 현상의 원인을 생각하고 그 원인이 결과로 이어지는 메커니즘에 대한 일차적인 설명을 가설(假設 : Hypothesis)이라고 한다. 이 가설은 옳을 수도 있고 틀릴 수도 있다. 따라서 가설의 옳고 그름을 밝히는 검정과정을 거치게 되고 검정과정에서 옳다고 판단되는 경우 비로소 현상에 대한 타당한 설명으로 인정되게 된다. 만일 대상이 결정론적인 과정(決定論的 過程 : deterministic process)으로 동일한 원인이 주어질 경우 항상 동일한 결과가 나타난다면 우리는 단지 소수의 관찰경험을 가지고 가설의 타당성을 알 수 있다. "맞으면 아프다", "나이가 들면 늙는다" 등은 단순한 소수의 경험을 통해서도 보편성과 타당성을 가지게 된다.

그러나 자연계의 현상은 동일한 원인이 주어지는 경우에도 크고 작은 변이를 보이는 결과들을 얻는 경우가 대부분이다. 성숙해 가는 시기에는 나이를 먹음에 따라 키가 커 가는 것은 일반적이지만 같은 나이의 사람들이라도 키는 상당한 변이를 보이기 때문에 나이를 통해 키를 말할 수는 없다. 동일한 비료나 재배방법을 사용한다 하더라도 식물체의 성장량은 개체에 따라 변이가 크다. 꽃이 피는 시기는 같은 개체에서도 변이가 있다.

크고 작은 변이를 수반하는 현상에 대한 가설은 옳고 그름에 대한 검증이 어렵다. "담배는 건강을 해친다"는 가설을 검증하기 위해서는 담배를 피우는 사람과 피우지 않는 사람들의 건강상태를 평가함으로써 가능하겠지만 담배에 대한 감수성에서 개체 간에 차이가 있을 수 있으므로 소수의 관찰경험을 토대로 가설의 타당성을 검정할 수는 없다. 담배를 피우면서도 건강한 사람들이 있고 피우지 않으면서도 피우는 사람에게 나타나는 질병을 앓는 사람들이 있을 수 있기 때문이다.

우리는 이러한 변이를 보이는 현상들에 대한 가설을 검정할 수 있는 보편적이며 타당성을 지니는 검정 논리를 가져야 한다. **대상에 대한 관찰 자료를 수집, 정리, 분석하여 가설을 검정하고 현상을 설명하는 과학적 논리에 대한 연구 및 적용에 관한 과학을 통계학이라 한다.**

통계학은 수학적 이론을 중심으로 하는 수리통계학과 이를 현실적으로 적용하여 가설검정에 적용하는 응용통계학으로 크게 구분될 수 있다. **생물통계학은 "생물학적 현상을 이해하기 위해서 설정되는 가설을 검정하는 제반 과정—자료의 수집, 정리, 분석, 판단—에 대한 통계적 이론과 그의 적용에 관한 과학"** 이라고 정의할 수 있다. 자연생물계는 결정론적 현상을 보이지 않는다. 꽃이 피는 계절이라 하더라도 꽃의 개화(開花)는 개화기 중에서도 일정한 확률분포를 보인다. 영양이 충분한 상황에서의 생물의 성장은 그렇지 못할 경우에 비해 활발하다고 할 수 있다. 그러나 영양상태가 좋다고 해서 성장이 반드시 좋다고 말할 수는 없으며 그럴 확률이 그렇지 않는 경우에 비해 높다는 것을 의미할 뿐이다. 독감이 유행한다고 해서 모든 사람이 병에 걸리는 것은 아니며 환자들이라 하더라도 병을 앓는 정도는 같지 않다. 극소수의 정성적(定性的)인 현상에 집중하는 분야를 제외한 대부분의 연구들이 통계학적인 논리를 생물 현상의 인과관계를 해석하는 데 도입하는 것은 이러한 이유에서이다.

통계학이 생물학적인 현상을 대상으로 발전되는 것이 아닌 만큼 생물학적인 가설 또는 현상을 검정하거나 설명하는 과정에서 통계학에서의 이론을 바로 적용할 수 없는 경우가 있을 수 있으며 생물학적인 논리에 적절한 타당한 통계학적인 논리를 개발하고 적용하는 것이 필요하다. 생물통계학이 통계학에 기반을 두면서 생물학적 연구 및 실험에 초점을 두고 발전되어 온 것은 이러한 이유에서이다.

생명현상을 설명하고자 하는 가설은 크게는 생태계 또는 생물권에서부터 작게는 세포와 분자 수준에까지 그 범위가 다양하며, 다양한 만큼 관찰 척도와 실험 논리가 다양하다. 따라서 생물통계학의 적용범위는 생물학의 대상이

다양한 만큼 다양할 수밖에 없으며, 그만큼 다양한 관찰과 실험을 통한 자료를 토대로 다양한 가설을 검정하는 다양한 통계적 방법의 적용이 요구된다.

제2장 자료의 수집과 정리

자료를 수집, 정리하고 분석하는 것이 통계학의 일차적인 문제이므로 이 장에서는 자료의 수집, 정리에 관련된 사항들을 설명할 것이다.

1. 변량 및 자료

자료(資料 : data)는 우리가 관심을 가지는 대상으로부터 관찰되거나 측정된 값들의 집합을 말한다. 이렇게 대상으로부터 관찰되거나 측정된 값들은 고정된 하나의 값을 지니는 것이 아니라 변이를 보이는 복수(複數)의 값들로 나타나므로 이 측정 대상을 변량(變量 : variable) 또는 변수라고 한다. 키를 대상으로 할 경우 측정된 값들이 변이를 보이므로 키는 변량이 된다. 개체에 따라 몸무게도 다르므로 체중도 변량이 된다. 종족에 따라서는 눈 색깔에 차이를 보이는 데(푸른색, 갈색, 검은 색 등) 눈 색깔도 역시 변량이 된다. 꽃 색도 변량이며 암컷과 수컷으로 분류되는 성(性 : gender)도 변량이다.

눈 색깔, 꽃색, 성 등의 변량은 측정된 값으로 나타나지 않고 특정의 범주(範疇 : category)로 표현되는데 이렇게 범주로 표현되는 변량을 **질적변량(質**

的變量 : qualitative variable)이라 하며 연속적이 아니라는 점에서 **불연속변량(不連續 變量 : discontinuous variable)**이라 하기도 한다. 이에 대해 키나 몸무게처럼 변량이 측정된 수 값으로 표현될 때 이를 **양적변량(量的 變量 : quantitative variable)**이라 하며 값이 연속적이라는 점에서 **연속변량(連續變量 : continuous variable)**이라 하기도 한다.

연속변량으로 구성된 자료를 **양적자료(量的 資料 : quantitative data)** 또는 **기수자료(基數資料 : cardinal data)**라고 하고 질적 변량으로 구성된 자료를 **질적자료**라고 하는데, 질적 자료에는 순위 값으로 구성된 **순위자료(順位 資料 : ordinal data)**와 정의된 범주에 속하는 빈도로 구성되는 **범주자료(範疇 資料 : categorical data)**가 있다.

순위자료는 대상이 가지는 일정한 특성을 순위화하고 각 순위에 정의된 값을 부여한 자료이다. 순위자료는 양적 자료와는 달리 수학적인 1과 2 사이의 거리가 3과 2 사이의 거리와 같지 않다. 즉 $(2-1)=(3-2)$가 성립되지 않는다는 것이다. 다음은 몇 가지 순위자료의 예이다.

1) 벼 각 품종의 도열병에 대한 저항성을 발병정도에 따라 아주 저항성에서부터 아주 감수성의 5단계로 평가하여 아주 저항성일 때 5점을, 아주 감수성일 때 1점을 부여하여 작성된 자료.
2) 일반 생물학 강의를 각 30명 3개 반으로 구성하고 각 반별로 상이한 강의방법으로 강의한 후 시험 성적을 통합하여 성적 순위를 부여한 자료.
3) 특정 연도에서의 사망자의 사망원인별로 빈도에 따라 순위화한 자료 : 1. 위암, 2. 대장암, 3. 폐암, 4. 고혈압 등.

범주자료는 눈 색깔(검은 색, 푸른 색, 갈색 등), 머리털 색깔(금발, 흑발, 은발 등), 혈액형(A, B, AB, O) 등 객관적인 범주와 그에 속한 도수(度數)로 구성된 자료이다.

양적 자료는 평균과 분산 등 모수가 정의되며 따라서 모수 통계적 방법에 따라 분석되지만 질적 자료는 평균과 분산 등 모수가 정의되지 않으므로 비모수적 방법

에 따라 분석된다.

2. 모집단과 표본

일반적으로 우리가 관심을 가지는 변량은 많은 요소로 구성된 집합이며, 이 집합을 통해서 변량의 특성이 나타나게 된다. 우리나라 남자 대학생의 키(변량)에 대해 알아보고자 한다고 하자. 이를 위해서는 우리나라 전국에 분포하고 있는 모든 남자 대학생의 키를 측정하여야 할 것이다. 이렇게 측정된 모든 남자 학생의 키 값의 집합이 우리 관심의 대상이다. 이를 모집단(population)이라고 한다. 즉 **모집단이란 관심의 대상이 되는 변량의 가능한 모든 측정값의 집합**을 의미하는 것이다.

그러나 실제로 남자 대학생 전체를 대상으로 키를 측정한다는 것은 경비 및 시간 등 제약이 따르므로 가능하지 않다. 그러므로 우리는 전체 남자 대학생 중 일부를 선택해서 키를 측정하고, 이를 통해 전체 남학생의 키를 추정(推定 : estimation)하게 되는데, 이렇게 모집단을 구성하는 일부의 값으로 구성된 집합을 표본(標本 : sample)이라고 한다. **표본이란 모집단에서 추출된 부분 집합으로 정의할 수 있다.** 관심이 우리나라 남자 대학생의 키라면 모집단은 우리나라 모든 남자 대학생의 키 값을 요소로 하는 집합이다. 이에 비해 표본은 그 중 100명 또는 1,000명의 대학생을 선택하고 키를 측정하여 이루어진 집합이다.

우리의 관심에 따라서 모집단은 무한히 많은 값(요소)으로 구성될 수도 있으며, 수 개에서 수천에 이르는 유한한 수의 값으로 구성될 수도 있다. 무한히 많은 값으로 이루어지는 모집단을 **무한 모집단(infinite population)**이라고 하고 이에 대해 유한한 수의 값으로 구성된 모집단을 **유한 모집단(finite population)**이라고 한다.

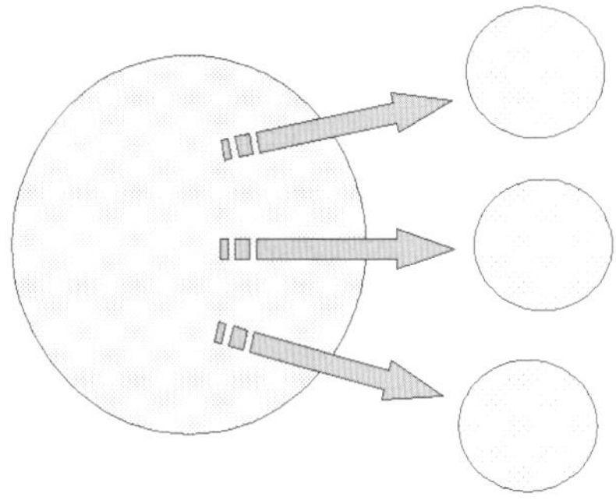

〈그림 2-1〉 모집단과 표본의 모식도

사과나무 한 그루당 수확되는 사과의 수는 무한 모집단이 된다. 사과나무의 수가 무한히 많다고 할 수 있기 때문이다. 그러나 안동시 북후면 소재 특정 과수원에서 수확되는 사과 한 그루당 수확된 사과 수는 유한 모집단이 된다. 그 과수원의 사과나무 수는 유한하므로 모집단을 구성하는 값이 유한한 집합이 되기 때문이다. 같은 이유로 우리나라 20세 이상의 남자의 몸무게는 무한 모집단에 가까우나, 특정 대학교 남자 학생의 몸무게는 유한 모집단을 구성한다.

3. 자료의 수집

우리 관심의 대상인 변량에 대한 자료를 수집하는 것은 그 변량에 대한 특성을 이해하기 위한 과정의 첫 단계이다. 일반적으로 모집단을 구성하는 전체 값을 수집하는 것은 불가능하므로 모집단의 일부를 추출한 표본을 통하여 모집단의 특성을 추정한다. 표본을 통하여 모집단의 특성을 바르게 추정하기 위해서는 표본이 모집단을 대표할 수 있는 것이라는 전제에서 성립하는 것이다. 따라서 자료의 수집은 모집단을 대표할 수 있는 표본을 얻는 과정이고 여기에서 가장 중요한 문제는 **"어떻게 모집단을 대표할 수 있는 표본을 얻을 것인**

가?"이다.

모집단을 대표할 수 있는 표본은 모집단을 구성하는 모든 값(요소)이 각각 동일한 기회로 표본에 포함될 수 있도록 하는 과정을 통해서 모집단에서부터 추출되어야 한다. 이 표본 추출과정을 우리는 **임의과정**(random process)이라고 한다. 특별한 제한을 가진 표본이 아닌 일반 표본은 임의과정으로 추출된 모집단의 부분집합, 즉 **임의표본(任意標本 : random sample)**으로 가정된다. 임의과정을 거치지 않은 표본을 편의표본(偏倚標本 : biased sample)이라고 하는데 이는 모집단을 구성하는 값들 중에서 특정 값이 다른 값들보다 높은 확률로 포함된 표본을 말하는 것으로 모집단의 특성 추정을 위한 표본으로서의 자료 가치가 없다.

우리나라 남자 대학생의 키를 알기 위해 100명의 학생을 선택하여 키를 측정하기로 한다 하자. 그런데 마침 '가' 대학 체육관에 들렀다가 거기서 훈련하고 있는 체육선수 100명의 키를 측정하였다고 하자. 이 경우 이 표본은 '가' 대학교 대학생 중에도 체육선수의 키의 모집단은 될 수 있으나 우리나라 남자 대학생의 키를 추정할 수 있는 표본이 될 수 없다. 체육선수들의 키는 편의표본이기 때문이다.

임의표본의 추출은 난수표(亂數表 : random digits)를 토대로 이루어지지만 무한 모집단 또는 정도 이상의 유한 모집단에서 임의표본을 얻기는 쉽지가 않다. 이것이 '**표본론(sampling theory)**'이라는 전문적인 분야가 성립된 이유이다. 이에 관심이 있는 독자들은 표본론에 대한 책들을 참고할 수 있을 것이다.

4. 자료의 정리

수집된 자료는 변량의 측정값들의 더미일 뿐 그 자체로서는 그 안에 포함된 정보를 얻을 수 없다. "수집된 측정값들의 더미를 정리하고, 이를 토대로 변량의 특성을 해석하는 기본 과정"을 자료의 정리(整理)라고 한다. 자료의 정리는 그 자료의 특성을 가장 빠르고 쉽게 이해할 수 있도록 가공하여 제시하는 몇 단계에 걸친 과정이다. 〈표 2-1〉과 〈표 2-2〉, 〈표 2-3〉을 예로 자료의 정리과정을 생각하도록 하자.

〈표 2-1〉 쌀바구미 100마리 체내에서 발견된 저장곰팡이 종별 빈도

Aspergillus candidus	*Aspergillus niger*	*Penicillium* spp.	*Aspergillus flavus*	합계
85	5	8	2	100

〈표 2-2〉 화랑곡나방 암컷 산란 수

164	292	102	153	139	18	92	236	241	202	103	109	31	24	145	188	293
204	43	220	154	131	176	111	45	214	62	188	129	171	161	151	142	118
59	44	171	190	129	115	168	94	230	139	100	99	140	135	99	72	

〈표 2-3〉 1990년대 우리나라에서의 연도별 귀농(歸農) 가구수(家口數)

년 도	1990	1991	1992	1993	1994	1995	1996	1997
가구수	371	299	413	618	922	2,060	1,823	6,506

4.1. 도수분포표

자료를 구성하는 각 측정값들의 도수(度數 : frequency)를 표로 정리하여 보이는 표이다. 질적 자료는 〈표 2-1〉과 〈표 2-3〉에서 보는 것처럼 각 측정값(곰팡이 종류, 연도)에서 계수(計數)된 도수로 표현할 수 있다. 양적 자료는 연속되는 측정값들로 구성된 자료이므로 질적 자료에서처럼 단순하게 작성될 수 없다.

양적 자료의 도수분포표(frequency table) 작성을 위해서는 측정값들을 다시 일정 구간(區間 : interval) 내의 측정값을 포함하는 **계급(class)**으로 나누고 각 계급에 해당하는 측정값들의 도수를 기재하게 된다. 계급의 구간과 계급

의 수는 측정값의 수와 특성을 고려하여 편의에 따라 정할 수 있다. 그러나 계급 수가 너무 적으면 측정값들의 변별력이 낮아지고 계급 수가 너무 많으면 자료의 정리라는 측면에서 의미를 상실하게 된다. 일반적으로 계급의 수를 결정하는 데는 다음의 계급 수(n)와 측정값 수(N)와의 관계식 〈식 2. 1〉을 이용한다.

〈식 2.1〉 $n \approx 1 + (\log_e N / \log_e 2)$

계급 수가 결정되면 계급의 구간(I)은 측정값의 최대값($X_{\max}$)과 최소값($X_{\min}$)의 차를 계급 수로 나누어서 얻을 수 있고 각 계급의 하한값과 상한값을 결정할 수 있다. 도수분포표는 모든 관측값이 계급 경계값 안에 포함되어야 하므로 최하 계급값의 하한값(*FC* : first class)은 측정값의 최하값에서 0. 5를 감해서 결정하는 것이 일반적이다(〈식 2. 2〉).

〈식 2.2〉 $I = \dfrac{X_{\max} - X_{\min}}{n}$, $FC = X_{\min} - 0.5$

각 계급은 계급 구간을 중심으로 하여 하한값 이상 상한값 미만으로 정의되고 **그 중앙값을 계급값**이라 한다.

도수분포표 작성시 상대도수(〈식 2. 3〉)도 같이 기록하면 자료를 해석하기가 보다 쉽다. **상대도수분포표(相對度數分布表 : relative frequency table)**를 따로 작성하기도 하는데 **각 계급의 상대도수(RF)는 각 계급에서의 측정값의 도수(fi)를 총 측정값의 수(N)로 나눈 값이다**(〈식 2. 3〉).

〈식 2.3〉 $RF = \dfrac{f_i}{N}$

[예제 2.1] 〈표 2−2〉에서 보인 화랑곡나방의 산란 수를 자료로 도수분포표를 작성하면서 도수분포표 작성과정을 이해하도록 하자.

1) 계급 수의 결정

화랑곡나방의 산란 수는 50개의 측정값을 가지고 있으므로 〈식 2. 1〉에 따라 n=1+ln(50)/ln(2)=6.6이 적당하다고 생각된다. 계급 수는 소수(小數)가 될 수 없으므로 반올림하여 7로 한다.

2) 계급구간의 결정

자료에서 최대치는 293, 최소치는 18이므로 각 계급의 구간은 〈식 2. 2〉로부터 (293-18)/7=39. 3이 된다. 각 계급의 구간을 40으로 하면, 17.5~57.5, 57.5~97.5, 97.5~137.5, 137.5~177.5, 177.5~217.5, 217.5~257.5, 257.5~297.5 등 7개의 계급으로 나눌 수 있다.

3) 각 계급에 속하는 측정값의 수는 최하계급에서부터 계수(計數)하면 6, 5, 13, 14, 6, 4, 2가 된다. 이를 각 해당 계급에 기록한다.

작성된 화랑곡나방 산란 수의 도수분포표는 〈표 2-4〉와 같다.

〈표 2-4〉 화랑곡나방 산란 수의 도수분포표

계급	계급구간	계급 값	도수	상대도수
1	17.5~57.5	37.5	6	0.12
2	57.5~97.5	77.5	5	0.10
3	97.5~137.5	117.5	13	0.26
4	137.5~177.5	157.5	14	0.28
5	177.5~217.5	197.5	6	0.12
6	217.5~257.5	237.5	4	0.08
7	257.5~297.5	277.5	2	0.04
전체			50	1.00

4.2. 기둥그림표

도수분포표를 토대로 하여 각 측정값의 크기(도수 또는 상대도수)를 기둥의 높이로 표현하여 그림으로 작성한 것을 기둥그림표(柱狀圖表 : bar graph, histogram) 라고 한다. 기둥의 높이나 크기를 통해 관측값의 크기 또는 빈도를 알기가 쉽다. 따라서 과거나 현재의 정태적(靜態的) 현상에 대한 자료 정리와 자료 제시에 많이 쓰인다. 특정 종 생물의 생리적, 생태적 특성, 안정된 생태계에서의 특정 유전자들의 빈도 분포, 지역별 생물 종 다양도, 특정 과수 품종들의 수확량 비교, 인종별 특정 혈액형의 빈도 등은 좋은 예들이다. 양적 자료와 질적 자료의 정리에 사용될 수 있다. 질적 자료의 경우 기둥의 크기가 범주별로 정의되나 양적 자료의 경우 계급별로 정의되는 점에서 차이가 있다. 쌀바구미 체내 곰팡이 보균 빈도 〈표 2-1〉를 보인 〈그림 2-2〉는 질적 자료에 대한 기둥그림표 예이다. 〈표 2-4〉를 토대로 화랑곡나방 산란 수의 빈도를 보인 〈그림 2-3〉은 양적 자료에 대한 기둥그림표의 예이다. 기둥의 불연속성과 연속성에서 차이가 뚜렷함을 알 수 있다. 사람에 따라서 질적 자료의 기둥그림표를 막대그림표(bar graph) 로 따로 구분하기도 한다.

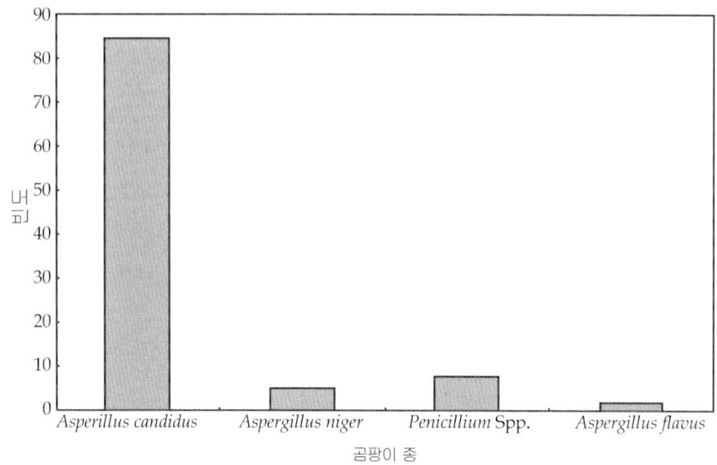

〈그림 2-2〉 쌀바구미 체내에서 발견된 곰팡이 종의 빈도

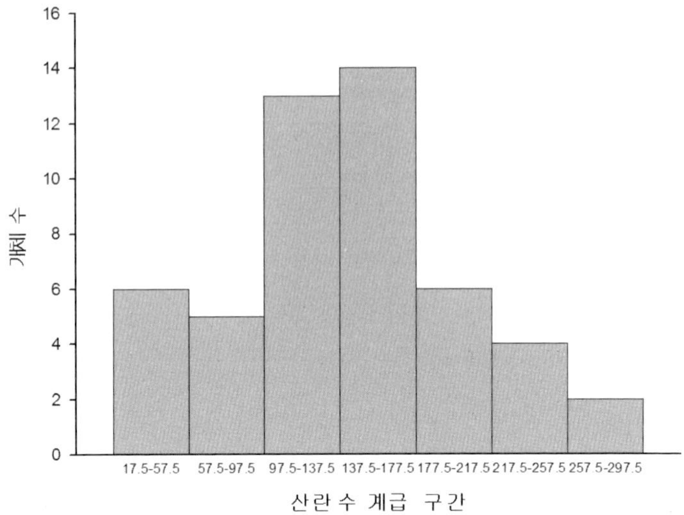

〈그림 2-3〉 화랑곡나방의 산란 수 분포

4.3. 꺾은금 그림표(度數折線)

도수분포표에서 각 범주 또는 계급을 가로축으로 각 측정값의 크기 또는 빈도를 세로축의 좌표로 하는 점을 이으면 꺾은금그림표(度數折線 : frequency polygon)를 얻는다. 기둥그림표에서 각 기둥의 꼭대기 중간점을 이어서 그릴 수도 있다. 꺾은금그림표는 기둥그림표와는 달리 시·공간적으로 변화하는 상황을 쉽게 알아볼 수 있어서, 정태적 현상보다는 동태적(動態的) 현상을 보이기 위한 자료를 정리하고, 해석하는 데 많이 쓰인다. 특정 생물 개체군 내에서의 특정 유전자군의 빈도 변화, 특정 작물 품종의 재배 면적 확대 추세, 연도별 강수량의 변이 추세, 산림 해충 솔잎혹파리의 분포면적 확대, 대기 중 이산화탄소 농도의 연도별 변화 추세, 지구온난화에 따른 연중 평균 온도의 변화, 특정 영양원 농도에 따른 특정 종 식물 성장의 속도 변화, 온도 상승에 따른 특정 종 곤충의 발육 속도 등은 꺾은금그림표로 제시되는 좋은 예들이다.

〈그림 2-4〉는 〈표 2-3〉에서 보인 연도별 귀농가구 수의 변화를 나타낸 꺾은금그림표이다. 연도별 귀농 가구수의 추세(趨勢 : tendency)를 잘 알 수 있어 이를 토대로 그의 증가 원인을 밝히는 데 제시되는 기본 자료가 될 수 있다.

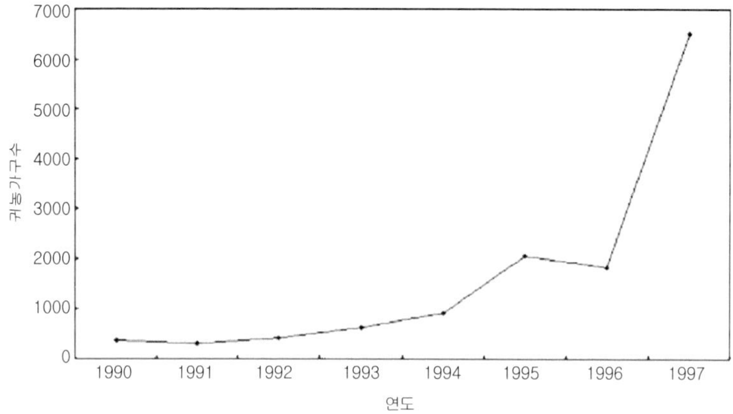

〈그림 2-4〉 1990년대 연도별 귀농 가구수

4.4. 원형 그림표

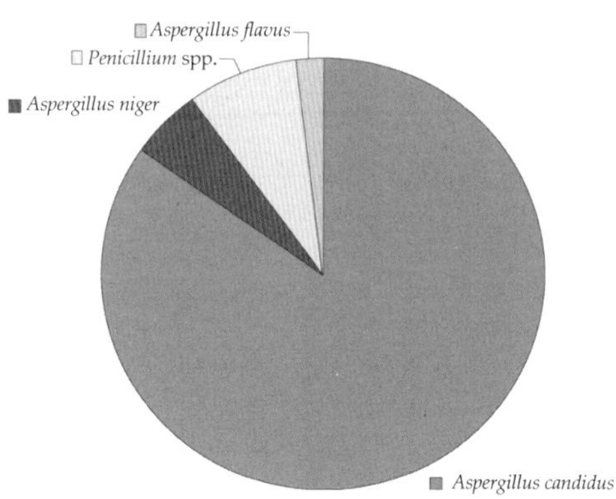

〈그림 2-5〉 쌀바구미 체내에서 발견된 곰팡이 종의 빈도

각 측정값의 상대도수를 원에서의 호(弧)의 면적으로 표현한 그림을 원형 그림표(pie graph)라고 한다. 주로 질적 자료의 정리방법으로 많이 사용된다. 전체 원의 면적을 100%로 하기 때문에 상대도수로 표현된다. 특정 지역의 생물 종의 종별 출현 상대 빈도, 특정 분류군내에서의 하위분류군의 상대빈도 등은 좋은 예이다. 〈그림 2-5〉는 〈표 2-1〉에서 보인 쌀바구미 체내 곰팡이의 종별 상대빈도를 보인 것이다.

4.5. 기타

많이 쓰이지는 않으나 관측값의 큰 단위를 줄기로 작은 단위를 그 줄기에서 나온 잎으로 기재하여 관측값과 관측값의 빈도를 파악할 수 있도록 하는 줄기-잎 그림으로 정리하는 방법도 있다. 관측값의 분포를 읽을 수 있다는 장점은 있으나 자료의 특성에 대한 이해가 떨어진다.

제3장 대표값과 산포도

도수분포표나 그림으로 자료를 정리함으로써, 우리는 우리가 수집한 자료의 대략적 특성을 짐작할 수 있다. 즉, 1) "쌀바구미는 체내에 *Aspergillus candidus*를 가장 많이 보균하고 있다"(〈그림 2-2〉), 2) "화랑곡나방의 산란수는 대체로 110에서 200개 정도이다"(〈표 2-4〉), 또는 "귀농이 가장 크게 이루어진 해는 1997년으로 이해에 갑자기 증가하였다"(〈그림 2-4〉)는 등으로 해석될 수 있다는 것이다.

질적 자료의 경우 이러한 해석은 무리가 없다. 나타난 현상을 그대로 읽는 것이기 때문이다. 그러나 양적 자료의 경우는 도수분포표 작성에서부터 주관이 개입되고(계급수의 결정, 계급구간의 설정 등), 이 결과로 주관적인 해석이 이루어질 수 있다는 문제가 있다. 〈표 2-2〉에서 보인 화랑곡나방의 산란수를 도수분포표로 작성할 때, 계급수를 10개로, 6개로, 또는 20개로 다르게 한다면 화랑곡나방의 산란수를 해석함에 있어서 차이를 보이게 된다. 계급의 구간이 좁아지거나 넓어지며, 이에 따라 도수도 달라지고, 해석기준도 달라질 수밖에 없기 때문이다. 이러한 주관적 해석에 의한 문제는 표본을 통해서 모집단을 해석하고자 할 경우 더 커지게 된다. 표본의 크기가 10, 100, 1000 등으로 달라짐에 따라 모양이 달라지며, 이를 통해 표본이 얼마나 모집단의 특성을 잘 보이고 있는가를 알기가 어렵고 주관적인 해석에 의존할 수밖에 없기 때문이다.

그러므로 우리는 자료의 특성을 객관적으로 말할 수 있는 값이 필요하다. 자료의 **대표값**과 그의 **산포도(散布度)**는 자료 더미의 중심 위치와 그 위치로부터의 흩어진 정도를 나타내는 값으로 자료의 특성을 객관적으로 정의하는 척도(尺度)가 된다.

1. 대표값

자료의 대표값은 자료를 구성하는 측정값들 더미(자료구름 : data cloud)의 중심위치를 차지하는 중심치(中心値)이다. 즉 자료는 중심치를 축으로 모여 있다(central tendency)고 해석하게 된다. 자료의 중심치로 평균(mean), 중앙값(median), 최빈값(mode)의 세 가지 척도를 사용하게 되는데, 평균과 중앙값은 양적 자료에서만 정의되며, 최빈값은 양적 자료와 질적 자료에서 정의될 수 있다. 일반적으로 평균과 중앙값을 대표값으로 많이 제시한다.

1.1. 평균

자료의 **평균은 "측정값들의 총합을 측정값 수로 나눈 값"**으로 〈식 3. 1〉과 같이 정의된다.

〈식 3.1〉 $$\mu = \frac{\sum_{i=1}^{n} x_i}{n}$$

평균은 자료더미의 중심(重心)으로(상자 내에 기술된 증명 참조), 중심위치를 수리적으로 정의하는 것이므로 대표값으로 가장 널리 사용된다.

〈표 3-1〉에 제시된 자료는 화랑곡나방 10마리의 산란수이다. 이를 모집단

으로 생각하자.

>>> **평균의 의미**

n개의 측정값 $x_1, x_2, x_3, \cdots, x_n$의 중심(重心)을 A라고 하면, 각 측정값 x_i와 A의 편차의 합, $\Sigma(x_i - A) = 0$이 성립하며 이 방정식을 만족하는 A값이 자료의 중심(重心)이 된다. 그런데 A가 중심치로 가정되어 있으므로 이 방정식은 항등식이며 따라서 A값이 결정되지 않는다. 이를 피하고 A값을 결정하기 위해서 왼편항의 편차를 제곱하여 합하면 $\Sigma(x_i - A)^2 \ge 0$이 성립하고, 이 함수가 최소값 0을 취할 때의 A값을 정의할 수 있게 된다. 이 방정식의 최소값은 미분된 함수 값이 0이 되도록 하는 A값이므로 $A = \frac{\Sigma x_i}{n}$으로 정의된다. 이것이 평균이며 따라서 평균은 자료더미의 중심이다.

〈표 3-1〉 화랑곡나방 암컷 10마리의 산란수

109	129	142	151	154	164	168	204	220	236

〈표 3-1〉에서 나타난 화랑곡나방 10마리의 산란수 평균($\overline{X}$)은, (109+129+142+151+154+164+168+204+220+236)/10 = 167.7이 된다.

1.2. 중앙값

중앙값(median)은 자료의 측정값을 크기 순서로 정렬했을 때, 그 중앙에 위치하는 측정값으로 정의된다. 중앙위치는 측정값의 수가 홀수일 때와 짝수일 때가 다르므로 홀수, 짝수에 따라 다음과 같이 정의된다.

홀수일 때 $M_e = X_{\frac{n+1}{2}}$

짝수일 때 $M_e = \left(X_{\frac{n}{2}} + X_{\frac{n}{2}+1}\right)/2$

〈표 3-1〉에서의 중앙값은 측정값 수가 짝수이므로 5번째 값 154와 6번째 값 164의 평균값, 즉 $M_e=(154+164)/2=159$이다.

1.3. 최빈값

최빈값(mode)은 측정값 중 가장 빈도(도수)가 높게 나타나는 값이다. 〈표 2-1〉에서 보인 쌀바구미 체내 보균 곰팡이 자료에서는 *Aspergillus candidus*의 도수가 85로 최빈값이다. 〈표 2-3〉에서 보인 귀농가구수 자료에서는 1997년이 6,506 가구의 빈도를 보여 최빈값이 된다.

최빈값은 가장 빈도가 높은 값을 의미하므로, 모든 측정값의 빈도가 동일한 경우에는 정의되지 않는다. 〈표 3-1〉의 자료에서는 측정값이 동일하지 않고 각각 달라 빈도가 1로서 동일하므로 최빈값이 정의되지 않는 예가 된다. 그러나 경우에 따라서는 2 이상의 값이 최빈값이 될 수도 있다.

2. 산포도

자료의 중심치가 같다고 해서 같은 특성을 가진 자료라고 할 수는 없다. 중심치는 자료의 중심이거나 중앙에 위치한 값이므로, 자료의 측정값들이 중심치를 중심으로 얼마나 흩어져 있는가에 대한 정보는 가지지 않는다. 중심치를 중심으로 측정값이 흩어지는 정도가 자료에 따라 변이가 크며, 따라서 같은 대표값을 가지면서도 측정값이 흩어지는 정도가 다른 상이한 특성을 지니는 자료는 무한히 많이 존재할 수 있다. 그러므로 자료를 명확히 특성화하고, 해석하기 위해서는 중심치와 아울러 중심으로부터 측정값이 흩어져 있는 정도를 지시하는 척도, 즉 산포도(散布度 : dispersion)를 알아야 한다.

자료의 산포도를 보이는 척도로는 표준편차(標準偏差 : standard deviation), 범위(範圍 : range), 변이계수(變異係數 : coefficient of variation)가 많이 사

용되며, 이 외에도 사분위편차(四分位偏差 : quartile deviation), 평균편차(平均偏差 : mean deviation) 등이 있다. 여기서는 많이 사용되는 세 가지 척도만 설명하고자 한다.

2.1. 표준편차

산포도는 중심치를 중심으로 한 측정값의 흩어진 정도를 의미하므로, 이를 위해서 각 측정값과 평균과의 편차의 합을 척도로 할 수 있을 것이나, 중심치의 특성으로 인해 측정값과의 편차의 합은 언제나 0이 되므로 편차의 합으로는 산포도가 정의되지 않는다. 그러나 편차의 제곱합($\Sigma(x_i-\mu)^2$) 은 언제나 0보다 크거나 같으므로 산포도의 척도로 할 수 있으며, 측정값의 수에 따라 제곱합이 커지는 것을 피하기 위해서 이 제곱합의 평균을 취하여 분산(分散 : variance)이라 정의한다. 분산의 제곱근을 표준편차로 정의하고 산포도의 척도로 한다(〈식 3. 2〉). μ는 평균, n은 측정값의 수이다.

〈식 3.2〉 $v(x)=\sigma^2=\dfrac{\sum_{i=1}^{n}(x_i-\mu)^2}{n}$, $\sigma=\sqrt{\dfrac{\sum_{i=1}^{n}(x_i-\mu)^2}{n}}$

〈표 3-1〉에서 보인 자료의 표준편차를 구해 보자.

x_i (측정값)	μ (평균)	$(x_i-\mu)$	$(x_i-\mu)^2$
109	167.7	-58.7	3445.69
129		-38.7	1497.69
142		-25.7	660.49
151		-16.7	278.89
154		-13.7	187.69
164		-3.7	13.69

	x_i (측정값)	μ (평균)	$(x_i-\mu)$	$(x_i-\mu)^2$
	168		0.3	0.09
	204		36.3	1317.69
	220		52.3	2735.29
	236		68.3	4664.89
합	1677		0.0	14,802.1

위 계산 결과로부터 분산(σ^2)= 14, 802. 1/10 =1480. 21, 표준편차(σ)= $\sqrt{1480.21}$ = 38. 47이 된다.

〉〉〉 분산 계산을 위한 간편식

$$\sum(x_i-\mu)^2=\sum(x_i^2-2x_i\mu+\mu^2)=\sum x_i-2\mu\sum x_i+n\mu^2$$

$$=\sum x_i^2-n\mu^2=\sum x_i^2-\frac{(\sum x_i)^2}{n}$$

따라서 분산 $V=\dfrac{\sum x_i^2-\dfrac{(\sum x_i)^2}{n}}{n}$ 으로 계산된다.

〉〉〉 표준편차에 관한 수학적 정리 (Chebychev의 부등식)

- **정리 1** n개의 관측치 $X_1, X_2, \cdot\cdot\cdot, X_n$ 의 평균을 $\overline{X}$, 표준편차를 S, k를 1보다 큰 상수라 하면, 이들 n개의 관측치 가운데 적어도 $n(1-\frac{1}{k^2})$개의 관측치가 $|X_i-\overline{X}|\le kS$ 의 범위에 존재한다.
- **정리 2** 변량 X와 그 평균과의 편차가 표준편차 S의 k배 안에 들 확률은 $1-\frac{1}{k^2}$ 이상이다. 즉, $P(|X-\overline{X}|\le ks)\ge 1-\frac{1}{k^2}$ 이다.

정리 1과 2에 따라 관측치가 (평균 ±k ×표준편차) 범위 내에 존재하는 확률 또는 확률의 밀도를 추정할 수 있게 된다.

2.2. 범위

자료를 구성하는 값 중 최대값과 최소값의 차, 즉 $X_{\max} - X_{\min}$을 범위라 한다. 산포도가 크면 최대값과 최소값의 차이가 클 것이고 반대의 경우는 작을 것이므로 범위(range)는 자료의 산포도를 측정하는 값이 될 수 있다. 그러나 극단치의 영향을 받으므로 자료의 산포도를 제대로 반영하기 어려운 경우가 많아 잘 쓰이지는 않는다.

2.3. 변이계수

산포도를 측정함에 있어 표준편차 자체로 산포도를 볼 수 있으나, 평균값에 따라 표준편차 값이 달라질 수 있으며 따라서 표준편차만으로 자료의 산포도를 평가하기 어려운 경우가 있다. 이 경우 표준편차와 평균값의 비를 계산하면 산포도에 대한 상대적 평가를 할 수 있다. 이를 변이계수(coefficient of variation : cv)라고 하고, 모집단은 $cv = \frac{\sigma}{\mu}$, 표본의 경우 $cv = \frac{s}{\bar{x}}$로 정의한다. 평균이 유사한 자료들의 산포도를 비교하기 위해서 많이 사용된다.

제4장 확률

생명현상은 미세한 측면에서부터 거대 시스템에 이르기까지 확률적인 현상이며 혼돈현상이므로 확률적인 사고(思考)와 정보 없이는 작은 문제 하나에도 해답을 얻을 수 없다.

ABO식 혈액형은 두 대립인자에 의해 결정되며 따라서 자손의 혈액형은 부모의 혈액형의 인자형에 의하여 그 빈도가 다르게 나타날 수 있다. 그렇다면 O형의 어머니와 A형의 아버지를 부모로 한 자손의 혈액형이 O형이 될 수 있는 확률은 얼마나 되는가?

제초제 저항성 인자를 삽입한 작물의 저항성 발현율은 얼마나 되는가?

골프장 해충을 방제하기 위하여 살충제 A의 반수치사농도(LD50)를 골프장에 처리할 경우 골프장 인근의 야생 생물군집의 변화 가능성은 얼마나 될 수 있는가?

비만 체중을 가진 사람이 순환기 질환에 감염될 확률은 그렇지 않는 경우에 비해 얼마나 높은가?

담배를 피우는 사람이 그렇지 않는 사람에 비해 폐암 등 질환에 노출될 확률은 얼마나 큰가?

산성비에 노출될 위험성과 노출될 시 나타나는 피해 위험도는?

흡연으로 인한 아기의 사산율은?

2.5kg 이하의 저체중(低體重) 아기가 인큐베이터에서의 보육을 받지 않고 생존할 수 있는 비율은?

산성 토양에서 특정 작물이 성장할 수 있는 확률은?

위에서 든 문제들은 과학적인 연구에서부터 실생활에 이르기까지 우리의 삶을 지배하며 우리의 일상을 결정하고 있는 것들의 극히 일부이다. 이러한 문제들에 대한 답이 없이 우리가 납득할 수 있는 선택이나 조치를 취할 수가 없기 때문이다.

공공건물 내에서의 흡연 규제는 흡연이 미치는 질병 유발 확률에 기초하고 있으며 대기 오염 또는 수질 오염에 대한 구제와 관리도 마찬가지이다. 유전공학의 발전과 더불어 나타나는 연구의 규제 또는 도덕성에 대한 논의도 기본적으로 확률에 기초하고 있는 현상이다.

이와 같이 우리가 보는 현상 또는 유추하는 현상에 대한 사고와 설명에 대한 신뢰는 귀납적인 사고에서 출발하든, 연역적인 사고에서 출발하든 귀납적인 논리에 의해 증명됨으로 신뢰를 확보하는 것이며 신뢰의 기본이 확률적 논리이다.

생물통계학은 생명현상에 대한 논리를 확률적 논리로 정리해가는 방법이며 이 점에서 확률에 대한 기초적인 사고는 대단히 중요하다. 이 장에서는 기본적인 확률의 문제에 대해 알아보기로 한다.

1. 확률의 개념

특정 가설을 증명하기 위하여 자연계(natural system) 또는 조정된 계(modified system)에서 대상 인자에 의해 유도되는 결과를 반복적으로 관찰 또는 측정하는 과정을 실험이라고 한다. 가능한 결과를 모두 얻는다면 실험의 결과는 20세 성인 남자의 키 관측치와 같이 무한집합일 수도 있고 주사위

던지기에서 나오는 눈금이나 동전 던지기에서의 결과인 앞뒷면 등과 같이 유한 집합일 수도 있다. 이와 같이 어떤 실험을 통해 얻는 가능한 모든 관측치의 집합을 표본 공간(標本空間 : sample space)이라고 한다. 이에 비해 모든 결과들 중에서 우리가 관심을 가지는 특정의 관측치의 집합을 사상(事象 : event)이라고 하며 이 사상은 표본 공간의 부분집합으로 정의된다.

실험이 가설을 증명하기 위한 과정이라면 그 과정은 보편성과 타당성을 확보함으로써만 의미가 있다. 이를 충족시키기 위해서는 표본 공간을 구성하는 모든 요소(관측치)가 동일한 기회로 나타날 수 있도록 실험이 이루어져야 한다. 이는 결국 실험을 수행하기 전에 그 결과를 미리 예측할 수 없는 실험이어야 한다는 것이며 이러한 실험과정을 임의 과정(random process)이라고 한다. 임의 과정으로 구성되는 실험을 무수히 반복할 때, 특정 사상이 일어나는 상대빈도는 일정한 값에 수렴하게 되는데 이 수렴치를 그 사상이 일어나는 확률(probability)이라고 정의한다. 즉, 확률(P)은 $P = \lim_{N \to \infty} \frac{f}{N}$이며 여기에서 f는 특정 사상이 일어나는 빈도, N은 실험의 반복 횟수이다.

〈그림 4-1〉은 동전을 10회, 100회, 200회, 300회, 400회, 500회, 1000회, 5000회, 10000회를 던져서 표면(그림면)을 얻은 상대횟수이다. 던지는 횟수가 증가함에 따라 표면이 나오는 상대빈도가 0.5에 수렴하는 것을 볼 수 있다.

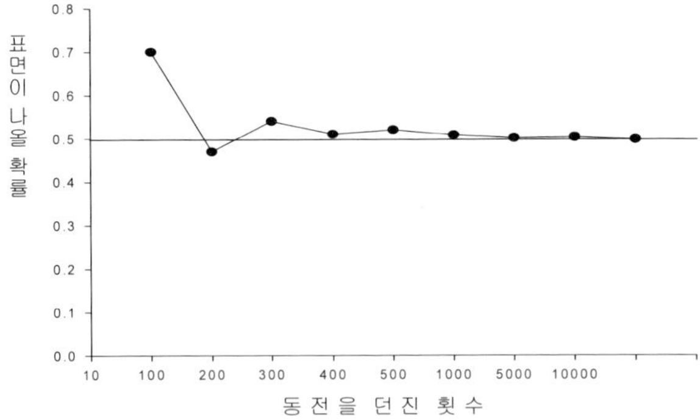

〈그림 4-1〉 동전을 던지는 횟수에 따른 표면이 나올 확률

2. 확률의 계산

확률을 계산하기 위해서는 무수히 실험을 반복해야 한다. 이것은 불가능하므로 반복적인 실험을 통해서 귀납적으로 확률을 추정할 수는 없다. 그러나 우리는 표본 공간을 구성하는 요소(관측치)의 수를 계산할 수 있으며 이 요소들 중에서 사상의 수를 또한 계산할 수 있다. 사상의 상대빈도를 통하여 무수히 되풀이 되는 실험에서의 상대빈도 수렴치를 추정할 수 있기 때문에 무수히 되풀이되는 실험을 하지 않고서도 특정 사상의 확률을 추정할 수 있다.

순열(順列 : permutation)과 조합(組合 : combination)은 바로 표본 공간을 구성하는 요소수를 추정하는 간편한 계산 과정이다.

2.1. 순열

순열은 요소 수가 n개인 집합에서 복원(復元)하지 않고 r개를 차례로 뽑아 나열할 수 있는 가짓수이며 일반적으로 ${}_nP_r$ 또는 $(n)_r$ 로 표기하며 〈식 4. 1〉과 같이 계산된다.

〈식 4. 1〉 $${}_nP_r = n(n-1)(n-2)\cdot\cdot\cdot(n-r+1)$$

2.2. 조합

n개의 요소로 구성된 집합에서 복원하지 않고 r개를 차례로 뽑는 가짓수를 계산하는 방법으로 ${}_nC_r$ 또는 $\binom{n}{r}$로 표현한다. 조합은 순열과는 달리 순서를 생각하지 않으므로 순열의 가짓수에서 계수된 순서의 차이에 의해 나타나는 가짓수만큼 빼주어야 한다. 그러므로

〈식 4.2〉 $${}_nC_r = \binom{n}{r} = \frac{n(n-1)(n-2)\cdot\cdot(n-r+1)}{r!} = \frac{n!}{r!(n-r)!}$$ 이 된다.

2.3. 확률의 계산

순열과 조합을 통하여 표본 공간의 요소 수와 사상의 요소 수가 추정되므로 사상의 상대빈도를 확률로 추정할 수 있다.

[예제 4.1] 어느 과수원에서 생산되어 진열된 20개들이 한 상자에 3개가 썩은 사과라고 하자. 어떤 소비자가 그중 3개를 임의로 선택하여 구입했을 때 1개가 썩은 사과일 확률은 얼마인가?

● 풀이 ●

20개 사과 중에서 3개를 뽑는 가짓수(요소 수)는 ${}_{20}C_3 = 1140$이고, 뽑은 3개 중에서 1개가 썩은 사과일 가짓수는 썩은 사과 3개 중 1개, 성한 사과 17개 중 2개를 뽑는 가짓수이므로 ${}_{3}C_1 \times {}_{17}C_2 = 408$이다. 따라서 구하는 확률은 $\frac{408}{1140} = 0.3679$이다.

3. 확률의 법칙

1) 어떤 사상이 일어날 확률은 0 이상이며 1 이하이다.

〈식 4.3〉 $0 \le P_i \le 1$

2) 확률의 합은 1이다.

표본 공간에 존재하는 각 사상의 확률을 모두 더하면 표본공간의 요소 수와 각 사상의 요소 수의 합이 동일하므로 그 상대빈도인 확률은 1이 된다.

〈식 4.4〉 $\sum_{i=1}^{N} P_i = 1$

3) 확률의 덧셈 법칙과 상호배반 사상

사상 A가 일어나거나 B가 일어나는 확률은 A가 일어나는 확률과 B가 일어나는 확률의 합에서 A와 B가 동시에 일어나는 확률을 뺀 것과 같다. 즉,

〈식 4.5〉 $P(A \cup B) = P(A) + P(B) - P(A \cap B)$

이다.

사상 A와 B가 같이 일어날 수 없는 경우, $(P(A) \cap P(B) = 0)$, 사상 A 또는 B가 일어나는 확률은 〈식 4.5〉에서부터

〈식 4.6〉 $P(A \cup B) = P(A) + P(B)$

가 된다.

이렇게 동시에 일어날 수 없는 두 사상을 **상호배반사상(相互排反事象 : mutually exclusive event)**이라 한다.

예1 하나의 주사위를 던져 얻을 수 있는 눈금은 오직 하나이다. 눈금 1과 다른 다섯 가지 눈금을 동시에 얻을 수 없다.

예2 질병의 감염여부는 감염되든지, 안 되든지 중 하나의 경우이다. 그러므로 질병 감염 사상은 비감염 사상과 상호배반이다.

예3 한 과목에 대한 성적 평점은 오직 하나만 받을 수 있다.

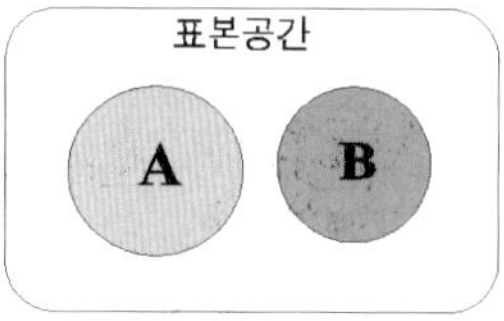

〈그림 4-2〉 상호배반의 밴다이어그램

4) 조건부 확률

사상 A가 일어나고 사상 B가 일어나는 확률을 **조건부 확률(conditional probability)**이라 하며, $P(B \mid A)$로 표기한다.

이 조건부 확률은 A가 일어나는 확률과 A와 B가 같이 일어나는 확률의 비(比)이다. 즉,

〈식 4.7〉 $P(B|A)=\dfrac{P(A\cap B)}{P(A)}$

이다.

5) 확률의 곱셈법칙과 독립사상

사상 A와 사상 B가 동시에 일어나는 확률은 조건부 확률에서 보인 〈식 4.7〉로부터

〈식 4.8〉 $P(A\cap B)=P(B|A)\times P(A)$

이다.

사상 B가 사상 A와 관계없이 일어난다면 사상 B와 사상 A는 서로 독립적이라고 하고 서로 **독립사상(獨立事象 : independent event)**이라고 한다. 이 경우 $P(B|A)=P(B)$이므로 두 독립사상 A와 B가 동시에 일어나는 확률은

〈식 4.9〉 $P(A\cap B)=P(B)\times P(A)$

이다. 두 사상이 서로 독립적이 아닐 때 한 사상은 다른 사상의 **종속사상(從屬事象 : dependent events)**이 된다.

예1 두 개의 주사위를 던져서 얻을 수 있는 한 주사위의 눈금과 다른 주사위의 눈금은 서로 독립적이며 두 주사위의 눈금은 독립사상이다.

예2 파란 공 10개와 흰 공 2개가 든 추첨주머니에서 임의로 공 한 개를 꺼내 공의 색을 기록하고 다시 주머니에 집어넣고 다시 임의로 한 개를 꺼낼 경우 첫 번째와 두 번째 뽑힌 공의 색은 독립사상이다. 그러나 꺼낸 공을 다시 집어넣지 않고 두 번째 공을 뽑는다면 두 번째 뽑힌 공의 색은 첫 번째 뽑힌 공 색의 종속사상이다.

예3 100명의 학생 중 생물학 강의를 듣는 학생이 50명, 수학 강의를 듣는 학생이 50명, 아무 것도 듣지 않는 학생이 25명이라면 생물학 강의를

듣는 사상과 수학 강의를 듣는 사상은 독립사상이다.

● 이유 ●

생물학 강의를 들을 확률은 $P(B)=\frac{50}{100}$, 수학 강의를 들을 확률은 $P(M)=\frac{50}{100}$, 두 과목 모두 들을 확률은 $P(B\cap M)=\frac{(50+50)-75}{100}$ $=\frac{25}{100}$이며, $P(A)\times P(B)=\frac{50}{100}\times\frac{50}{100}=\frac{25}{100}$으로 $P(B\cap M)=P(A)\times P(B)$가 성립된다.

6) 여사상

표본 공간에서 사상 A가 일어나지 않는 사상을 사상 A의 여사상(餘事象 : complementary events)이라 하고, A^C로 표시한다. A^C가 A의 여사상이면,

〈식 4. 10〉 $P(A)+P(A^C)=1$

이 된다. 사상 A와 사상 A^C의 합은 전체 표본공간이기 때문이다.

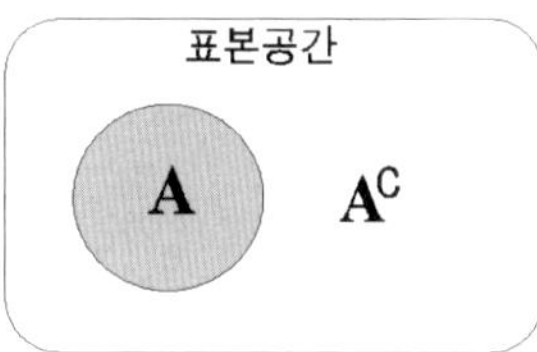

〈그림 4-3〉 사상과 여사상의 밴다이어그램

4. 확률의 분할과 베이즈 규칙

어떤 병 'A'는 병원원생동물 'B'를 가진 곤충에 의해 매개되며, 보균충에 의해 피흡혈시 감염될 확률은 10% 정도인 것으로 추정되고 있다고 가정하자. 그리고 그 병의 감염여부에 대한 진단은 그 병의 특이적인 병징과 경과에 의하

여 이루어지는데 유사한 병징과 경과를 가진 여러 가지 병이 존재하므로 진단의 정확도가 90%라고 가정하자. 그 곤충이 분포하는 지역에 여행을 갔다가 곤충에 물린 환자가 어떤 병원에서 병 'A'로 진단되어 거기에 필요한 처방을 받았다면 이 환자가 적절한 처방을 받았을 확률은 얼마인가?, 만약 이 환자가 병 'A'에 감염되었음에도 불구하고 다른 병으로 진단되어 적절한 조치를 받지 못할 확률은 얼마인가?

그 환자가 병 'A'에 감염되었다고 진단될 확률($P(I)$)은 그 환자가 실제로 병 'A'에 감염되었고 'A'에 감염되었다고 진단될 확률($P(I \mid S) \times P(S)$)과 실제로 병 'A'에 감염되지 않았음에도 감염되었다고 진단될 확률($P(I \mid S^C) \times P(S^C)$)의 합이며 $P(I) = P(I \mid S) \times P(S) + P(I \mid S^C) \times P(S^C) = 0.1 \times 0.9 + 0.9 \times 0.1 = 0.18$이다.

반면 그 환자가 감염되지 않았다고 진단될 확률은 그 환자가 실제로 병 'A'에 감염되었음에도 감염되지 않았다고 진단될 확률($P(I^C \mid S)$과 실제로 감염되지 않았고 감염되지 않았다고 진단될 확률($P(I^C \mid S^C)$의 합이며 $P(I^C) = P(I^C \mid S) \times P(S) + P(I^C \mid S^C) \times P(S^C) = 0.1 \times 0.1 + 0.9 \times 0.9 = 0.82$이다.

그러므로 감염되었다고 진단되었을 때 실제로 감염되었을 확률 $P(S \mid I)$은 $P(S \mid I) = \frac{P(S \cap I)}{P(I)} = \frac{P(I \mid S) \times P(S)}{P(I)} = \frac{0.09}{0.18} = 0.5$이다.

이렇게 감염되었다고 진단되었을 때 실제로 감염되었을 확률을 진단의 감도(sensitivity)라고 한다.

이러한 종류의 문제들은 실제의 생활에서 흔히 부딪치는 문제이며 따라서 문제 해결과정에서 중요한 판단의 근거가 될 수 있다. 이와 같이 어떤 사상의 확률은 사상과 여사상의 논리로 분할할 수 있으며 이를 **확률의 분할**이라고 한다. 확률의 분할은 사상 A와 B의 두 사상이 같이 나타나는 표본 공간에서 사상 B가 일어나는 확률($P(B)$)을 사상 A가 일어나고 B가 일어나는 확률($P(B \cap A)$)과 사상 A가 일어나지 않고 B가 일어나는 확률($P(B \cap A^C)$)로 분할하여 추정하는 것이다. 역(逆)으로 A가 일어나는 사상($P(A)$)도 동일한 논리로 분할할 수 있다.

〈식 4. 11〉 $P(B) = P(B \cap A) + P(B \cap A^{C})$

$= P(B \mid A)P(A) + P(B \mid A^{C})P(A^{C})$

이고, 따라서

〈식 4. 10〉 $P(A \mid B) = \dfrac{P(A)P(B \mid A)}{P(B \mid A)P(A) + P(B \mid A^{C})P(A^{C})}$

〈식 4. 11〉를 다수의 사상이 나타나는 표본공간으로 확대하면

〈식 4. 12〉 $P(A_{j} \mid B) = \dfrac{P(A_{j})P(B \mid A_{j})}{\sum_{i=1}^{n} P(B \mid A_{i}) \times P(B \mid A_{i})}$

으로 일반화되는데 이를 베이즈 정리(Bayes' Rule)라고 한다.

위에서 보인 것처럼 감염환자로 진단되었을 때 실제로 감염되었을 확률 즉 진단의 감도를 사후확률(事後確率 : posterior probability)이라고 하고 이에 대응하여 감염환자로 진단되는 확률을 사전확률(事前確率 : prior probability)이라고 하는데 베이즈 정리는 사후확률을 추정하는 데 효율적인 정리이다.

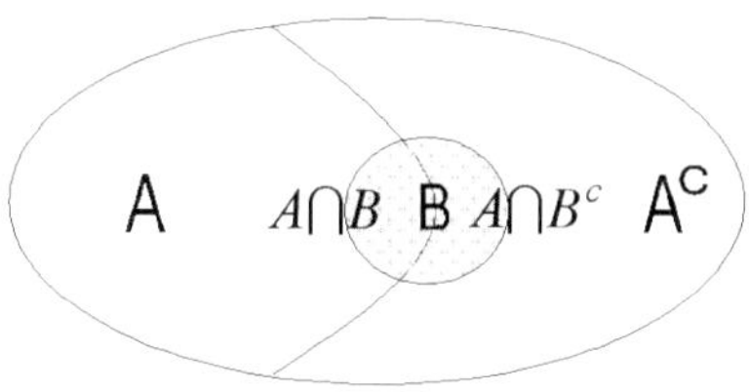

〈그림 4-4〉 확률의 분할

제5장 확률분포

1. 확률변수와 확률분포

꽃다발의 빨간 장미 송이 수, 어떤 질병 감염자에 대한 표준치료 과정을 통한 완치 환자 수, 초능력자가 맞춘 카드 수, 어떤 양계장에서 매일 생산되는 계란 수, 낙동벼의 단보당 수확량, 어떤 생태계에 서식하는 조류의 체내 중금속 축적량, 하절기 강수량, 대기 중 아황산가스 농도 등 어떤 표본 공간의 상이한 사상에 확률을 대응시키는 함수를 **확률변수(確率變數 : random variable)**라고 한다. 장미 송이 수, 완치 환자 수, 카드 수 등 두 변수 값 사이에 오직 유한한 값을 취할 수 있는 변수를 **이산확률변수(離山確率變數 : discrete random variable)**라고 하며 이에 대해 중금속 축적량, 강수량, 아황산가스 농도와 같이 두 변수 값 사이에 무한한 값을 취할 수 있는 확률변수를 **연속확률변수(continuous random variable)**라고 한다.

확률변수의 각 값에 확률을 대응시키는 수학적 관계를 확률분포(確率分布 : probability) 라고 하며 확률분포는 다시 확률변수의 특성에 따라 이산확률변수의 분포인 이산확률분포(離散確率分布 : discrete probability distribution) 와 연속확률변수의 분포인 연속확률분포(連續確率分布분포 : continuous probability distribution) 로 구분된다.

1.1 확률변수의 평균과 분산

확률변수 X의 평균은 X의 기댓값($E(X)$) 으로 〈식 5. 1〉과 같이 확률변수가 취하는 모든 값과 그에 상응하는 확률의 곱의 합으로 정의된다.

〈식 5. 1〉 $E(X)=\mu=\int_{-\infty}^{\infty} x\ P(X=x)dx$ (X가 연속확률변수)

$E(X)=\mu=\sum_{x=0}^{w} xP(X=x)$ (X가 이산확률변수)

확률변수의 분산은 확률변수가 취하는 값과 기댓값의 편차의 제곱과 그 값이 취하는 확률의 곱의 합으로 〈식 5. 2〉와 같이 정의되며 표준편차는 그의 제곱근이다.

〈식 5. 2〉 $V(X)=\sigma^2=\int_{-\infty}^{\infty}[x-E(X)]^2\ P(X=x)dx$ (X가 연속확률변수)

$V(X)=\sigma^2=\sum_{x=0}^{w}[x-E(X)]^2\ P(X=x)$ (X가 이산확률변수)

[예제 5.1] 윷 4짝을 던져서 도는 1점, 개는 2점, 걸은 3점, 윷은 4점, 모는 5점을 부여한다고 하자. 이제 갑이 윷을 던진다고 할 때, 갑이 획득하는 점수의 평균값과 분산은 각각 얼마인가?

• 풀이 •

우선 각 사상의 확률을 구하면

$P(\text{도})=\frac{4}{2^4}=0.25$, $P(\text{개})=\frac{6}{2^4}=0.375$, $P(\text{걸})=\frac{4}{2^4}=0.25$,

$P(\text{윷})=\frac{1}{2^4}=0.0625$, $P(\text{모})=\frac{1}{2^4}=0.0625$ 이다.

그러므로 〈식 5. 1〉과 〈식 5. 2〉로부터

평균 $\mu = 1\times0.25 + 2\times0.375 + 3\times0.25 + 4\times0.0625 + 5\times0.0625 = 2.3125$이고,
분산

$$\sigma^2 = (1-2.3125)^2\times0.25 + (2-2.3125)^2\times0.375 + (3-2.3125)^2\times0.25 + (4-2.3125)^2\times0.0625 + (5-2.3125)^2\times0.0625 = 1.2148$$

이다.

2. 이산확률분포

이산확률분포는 이산확률변수의 확률분포이며 생물학에서 주로 많이 이용되는 분포는 이항분포(二項分布: binomial distribution)와 포아송 분포(Poisson distribution)이다.

2.1. 이항분포(Binomial distribution)

암컷과 수컷, 환자와 건강한 자, 검은 색 눈과 다른 색 눈, 주사위의 짝수 눈금과 홀수 눈금, 잠자는 상태와 깨어 있는 상태, 합격과 불합격 등의 예에서 보는 바와 같이 관측 또는 실험의 결과가 오직 상호배반인 두 가지 범주($P(S)+P(S^C)=1$)로 나타나는 실험 또는 관측을 독립적으로 반복해서 수행하는 과정을 **베르누이시행(施行) (Bernoulli trial)**이라고 한다. **우리가 원하는 결과를 얻는 확률(성공확률)이 동일한 베르누이 시행을 N회 반복할 때 우리가 원하는 결과를 얻는 횟수(성공횟수)를 X라 하면 X는 이항확률변수가 되며 이항확률변수의 확률분포를 이항분포라고 한다.** 다음은 몇 가지 이항확률변수의 예이다.

1) 10개 문항으로 구성된 시험에서 정답 수
2) 100개의 종자를 방사선 처리하여 유도되는 돌연변이 종자 수
3) 10개의 사과 중 벌레 피해를 입은 사과 수
4) 20개의 수입 백합 구근 중 선충 감염 구근 수

[예제 5.2] 사람 남녀의 성비는 1:1로 알려져 있다. 이제 6명의 자녀를 둔 가정을 임의로 선택했을 때 아들이 3명, 딸이 3명일 확률은 얼마인가?

● 풀이 ●

남녀의 성비가 1:1이므로 남자일 확률은 0.5, 여자일 확률도 0.5이다. 자녀의 성이 독립적이라고 하면 6명 중 3명의 아들이 태어날 확률은 6명 중 3명이 아들이고 나머지 3명이 딸일 확률이다. 3명의 아들이 태어날 확률은 $0.5 \times 0.5 \times 0.5$이며 3명의 딸이 태어날 확률은 $0.5 \times 0.5 \times 0.5$이고 3명의 아들과 3명의 딸이 태어날 확률은 따라서 0.5^6, 즉 0.0156이다. 그런데 6명 중 3명의 아들이 태어날 가짓수는 $\binom{6}{3}=20$이므로 6명의 자녀 중 3명의 아들과 3명의 딸이 태어날 확률은 확률과 그 가짓수의 곱, $20 \times 0.0156=0.312$이다.

2.1.1. 이항분포의 평균과 분산

〔예제 5.2〕에서처럼 이항확률변수 X가 x를 취할 확률은 원하는 결과(성공)를 얻을 확률이 p, 실패할 확률이 $1-p$인 베르누이 시행에서 N회 시행 중 x회 성공하는 가짓수와 x회 성공할 확률과 $N-x$회의 실패가 나타날 확률을 곱하여 추정될 수 있다.

〈식 5.3〉 $P(X=x)=\binom{N}{x}p^x(1-p)^{(N-x)}$

따라서 이항분포의 **평균**은

〈식 5.4〉 $\mu=E(X)=\sum_{x=0}^{N}xP(x)=\sum_{x=0}^{N}x\binom{N}{x}p^x(1-p)^{(N-x)}=Np$

이고 이항분포의 **분산**은

〈식 5.5〉 $\sigma^2=\sum_{x=0}^{N}(x-\mu)^2P(X=x)=\sum_{x=0}^{N}x^2P(X=x)-\mu^2$

$=\sum_{x=0}^{N}x(x-1)P(X=x)+\sum_{x=0}^{N}xP(X=x)-\mu^2$

$$= N^2p^2 - Np^2 + Np - N^2p^2$$

$$= Np(1-p)$$

이다.

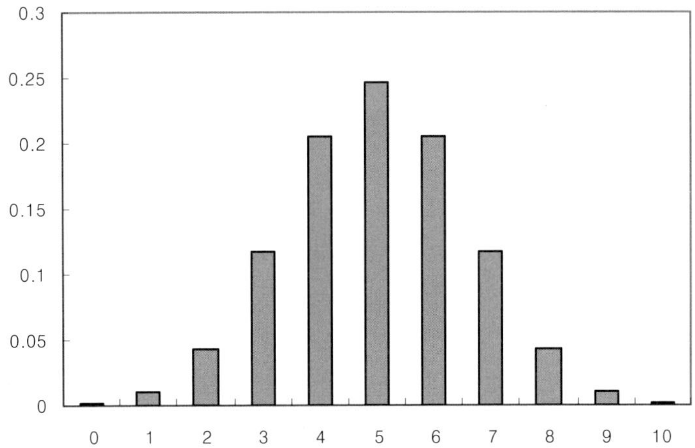

〈그림 5-1〉 이항분포(N=10, p=0.5)

[예제 5.3] 〔예제 5.2〕에서 6명의 자녀를 가진 가정이 100가구였다면 3명의 아들을 가진 가정의 평균과 분산, 표준편차를 구하라.

● **풀이** ●

평균은 〈식 5.4〉에서 $100 \times 0.3125 = 31.25$,

분산은 〈식 5.5〉에서 $100 \times 0.3125 \times 0.6875 = 21.48$이고

표준편차는 4.64(가정) 이다.

[예제 5.4] 겸상적혈구(鎌狀赤血球) 빈혈증은 열성유전인자에 의해 유전되는 질병이다. 부부가 겸상적혈구의 이형접합자(Ss)를 가졌을 때 이 부부의 자녀 중 겸상적혈구 빈혈증을 앓을 확률은 얼마인가? 그렇다면 4명의 자녀를 가졌을 때 빈혈증을 앓을 것으로 예측되는 자녀의 수는? 분산과 표준편차를 구하라.

• 풀이 •

부부가 이형접합자(Ss)를 가진다면 차대에는 SS : Ss : ss =1 : 2 : 1로 분리될 것으로 예측된다. 겸상적혈구 빈혈증은 열성유전이므로 나타날 확률은 0.25이다. 자녀의 수가 4명이라면 빈혈증을 앓을 자녀수는 4×0.25=1(명), 이의 분산은 4×0.25×0.75=0.75(명), 표준편차는 0.87(명)으로 기대된다.

[예제 5.5] methanethiol을 분비하는 형질은 열성유전자인 m에 의하여 유전되고 이의 우성대립유전자는 M이다. 어느 지역에서 m의 빈도가 0.4라 한다. 임의로 4명의 자녀를 가진 가정을 뽑았을 때, 2명의 자녀가 비분비형일 확률은 얼마인가? 4명 중 비분비형인 자녀 수의 평균과 분산, 표준편차를 구하라.

• 풀이 •

m의 빈도가 0.4이므로 M의 빈도는 0.6이다. 자녀의 유전형은 MM, Mm, mm이며 MM의 확률은 0.6×0.6=0.36, Mm의 확률은 2×0.6×0.4=0.48, mm의 확률은 0.4×0.4=0.16이다.

따라서 4명의 자녀중 2명이 비분비형인 자녀의 확률은 ${}_4C_2 \cdot 0.84^2 \cdot 0.16^2=0.108$이다.

4명의 자녀중 비분비형 자녀수의 평균은 4×0.84=3.36, 분산은 4×0.84×0.16=0.54, 표준편차는 0.73(명)이다.

2.2. 포아송 분포

성공확률이 아주 낮은 베르누이 시행을 반복하면 성공횟수 X의 확률분포는 점차적으로 이항분포와는 상이한 다른 확률분포가 나타나는데 이를 포아송 분포(poisson distribution) 라고 한다. 포아송 분포는 특정한 지역 공간에 임의로 서식하는 생물 종의 분포, 일정한 속도로 산길을 걸을 때 단위시간당 들리는 새의 울음소리 빈도, 멧돼지 서식 지역에서의 단위 면적당 거주 흔적, 임의정착성 식물 종자의 야산 단위 면적당 정착 수, 일정 강도의 방사능 처리에 의한 유전자 돌연변이 유발 빈도 등의 예에서 관찰되고 있다. 따라서 생물 행동의 개체 간 독립성 여부, 특정 지역에서의 특정 생물 종의 밀도 추정, 유전자 돌연변이의 유발 빈도 분포 등을 파악하는 데 아주 유용한 분포이다.

2.2.1. 포아송 분포의 평균과 분산

포아송 분포에서 확률변수 X가 x를 취하는 확률은 〈식 5. 3〉에서 유도될 수 있다.

〈식 5. 3〉에서부터 $P(X=x)=\binom{N}{x}p^x(1-p)^{N-x}=\sum_{x=0}^{N}\frac{N!}{x!(N-x)!}p^x(1-p)^{N-x}$

$$=\sum_{x=0}^{N}\frac{N!}{x!(N-x)!}\left(\frac{\mu}{N}\right)^x\left(1-\frac{\mu}{N}\right)^{N-x}$$

$$=\frac{N!}{N^x(N-x)!}\times\frac{\mu^x}{x!}\times\left(1-\frac{\mu}{N}\right)^{N-x}$$

그런데 시행횟수가 무한히 커지면서 성공횟수가 아주 낮아지면 〈식 5. 6〉을 얻을 수 있다.

〈식 5. 6〉 $=\frac{N!}{N^x(N-x)!}\times\frac{\mu^x}{x!}\times\left(1-\frac{x}{N}\right)^{N-x}\approx\frac{\mu^x e^{-\mu}}{x!}$

포아송 분포의 **평균**은 〈식 5. 4〉에서와 같이

$\mu = Np$

이다. 그리고 포아송 분포의 **분산**은

〈식 5.7〉 $V(X) = \sigma^2 = \sum_{x=0}^{N} x^2 \frac{\mu^x e^{-\mu}}{x!} - \mu^2$

$$= \mu e^{-\mu} \left(\sum_{x=1}^{N} \frac{(x-1)\mu^{x-1}}{(x-1)!} + \sum_{x=1}^{N} \frac{\mu^{x-1}}{(x-1)!} \right) - \mu^2$$

$$= \mu(\mu+1) - \mu^2 = \mu$$

이다.

그러므로 포아송 분포는 평균과 분산이 동일한 분포이다.

[예제 5.6] 어떤 지역에서의 미역취의 분포가 임의적(독립적)인지를 알기 위하여 그 지역을 동일한 크기의 100개 방형구로 나누고 각 방형구 내에 존재하는 미역취의 포기 수를 조사하였다. 100개 방형구에서 계수된 총 포기 수는 102포기였다. 미역취가 포아송 분포(임의분포)를 한다면 1) 임의로 선택된 방형구에 미역취가 존재하지 않을 확률은?, 2) 두 포기가 존재할 확률은?, 3) 세 포기가 존재할 것으로 예측되는 방형구 수는?, 4) 방형구당 평균 포기 수와 표준편차를 구하라.

● **풀이** ●

방형구당 평균 포기 수는 $\frac{102}{100} = 1.02$ 이다. 분산도 평균과 같이 1.02 이다.

1) 미역취가 존재하지 않을 확률은 〈식 5.6〉에서 $\frac{1.02^0 \times e^{-1.02}}{0!} = 0.361$ 이다.

2) 미역취가 두 포기 존재할 확률은 〈식 5.6〉에서 $\frac{1.02^2 \times e^{-1.02}}{2!} = 0.188$ 이다.

3) 미역취가 세 포기 존재할 확률은 〈식 5.6〉에서 $\frac{1.02^3 \times e^{-1.02}}{3!} = 0.063$ 이다.

4) 평균 포기 수는 1.02, 표준편차는 $\sqrt{1.02} = 1.010$ 이다.

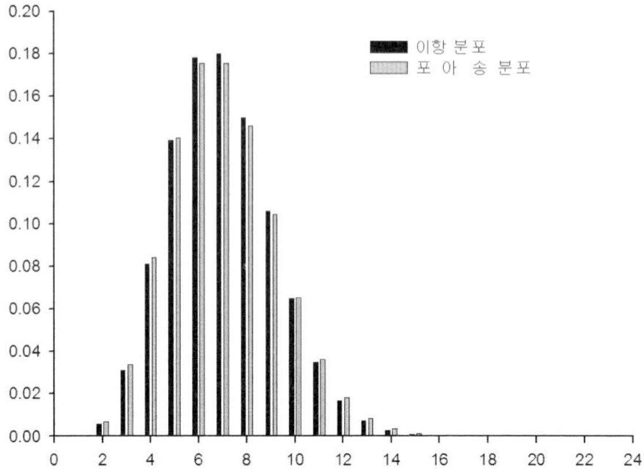

〈그림 5-2〉 포아송분포와 이항분포의 비교(n=100, p=0.05)

3. 연속확률분포

이항분포 또는 포아송 분포에서 보는 바와 같이 이산확률변수의 분포는 각 확률변수가 취하는 값에 대응하는 확률이 정의된다. 그래서 동전을 N회 던질 때 표면이 x회 나타날 확률, $P(X=x)$을 계산할 수 있다. 그런데 연속확률변수 X가 값 x를 취할 확률은 정의될 수 없다. 신생아의 체중을 생각해 보자. 신생아(新生兒)의 체중 측정값은 연속확률변수이며 우리가 구하는 개개의 신생아 체중은 아무리 정밀하게 측정한다 하더라도 근사치일 수밖에 없다. 그러므로 둘 이상의 신생아 체중이 완전히 동일한 경우는 실제로 불가능하다. 신생아 수가 과거부터 미래에 이르기까지 무한한 만큼 모집단은 무한모집단을 형성하고 무한대의 값들 중에서 특정 값 x를 취할 확률은 $\frac{1}{\infty}$이므로 0이 된다. 우리가 구할 수 있는 것은 확률변수 X가 $x-a$ 와 $x+a$ 사이의 값을 취하는 범위의 확률일 수밖에 없으며 이것은 결국 x 값 주위의 확률 밀도를 의미하므로 **확률밀도함수**(probability density function)($f(x)$)라고 하고 〈식 5.7〉, 〈식 5.8〉과 같이 정의한다.

〈식 5.7〉 $f(x) \geq 0$

〈식 5.8〉 $\int_{-\infty}^{\infty} f(x)dx = 1$

확률밀도함수를 변수 x 값의 $a \sim b$범위에서 적분하면 〈식 5.9〉에서와 같이 $a \sim b$에서의 확률분포($F(x)$)를 얻을 수 있다.

〈식 5.9〉 $F(x) = \int_{a}^{b} f(x)dx$

대표적인 연속확률분포는 다음에서 설명하는 정규분포이다.

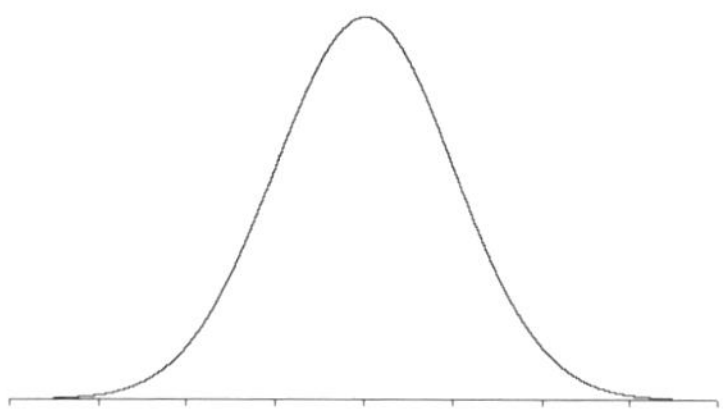

〈그림 5-3〉 연속확률분포의 모식도

3.1. 정규분포

자연 생물계의 정량적 변수(신생아 체중, 5년 근 인삼의 크기, 단위면적 당 벼 수확량, 우리나라 20대 남자의 키, 10년생 소나무의 재적(材積), 바퀴의 발육기간 등)의 확률분포는 좌우 대칭의 종 모양을 보이며, 평균을 중심으로 평균 ±표준편차에 해당하는 위치에서 값이 변곡점(inflection)을 형성한다.

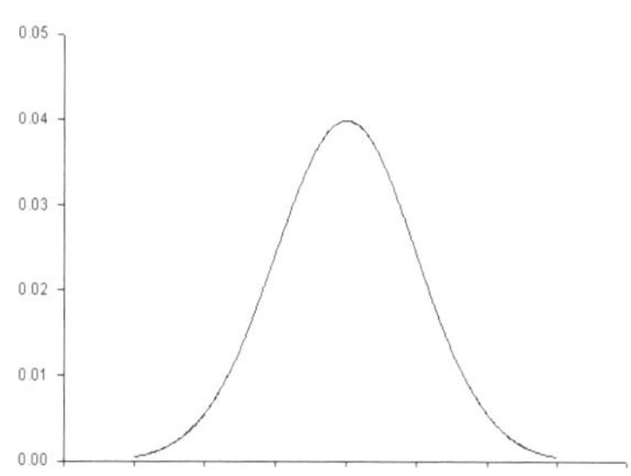

〈그림 5-4〉 평균 20, 분산 100인 정규분포

이와 같은 모양의 분포 특성은 자연계의 정량적 자료의 확률분포에서 나타나므로 분포형을 정규분포(正規分布 : normal distribution) 라고 한다. 경우에 따라서는 가우스 분포라고 하기도 하는데 가우스에 의하여 확률밀도함수가 정의되었기 때문이다. 대부분의 확률변수의 분포가 정규분포를 보이고, 그렇지 않는 경우에도 자료의 변환(變換 : data transformation) 을 통하여 2차적으로 정규분포화 될 수 있기 때문에 정규분포는 생물학적 현상을 비롯한 일반 과학적 현상에 대한 통계학 분석의 기초가 된다. 따라서 정규분포의 특성과 성격에 대해 충분한 지식이 있으면 생물 통계학적 분석과 추론은 쉽게 이해되며 적용할 수 있다.

3.1.1. 정규분포의 확률밀도함수와 확률분포함수

정규분포의 확률밀도함수는 $-\infty < x < +\infty$의 범위에서 〈식 5.8〉과 같이 정의된다.

〈식 5.8〉 $f(x) = \frac{1}{\sigma\sqrt{2\pi}} \exp[-\frac{1}{2}(\frac{x-\mu}{\sigma})^2]$

exp는 괄호안의 함수가 자연대수의 밑수 e의 지수임을 말한다.

μ와 σ는 각각 평균과 표준편차이다.

정규분포의 확률분포함수는 확률변수 x가 a와 b 사이의 값을 취할 확률로 〈식 5.9〉와 같이 확률밀도함수의 a에서 b까지 정적분한 값이다.

〈식 5.9〉 $P(a \le x \le b) = \int_a^b f(x)dx$

$$= \int_a^b \frac{1}{\sigma\sqrt{2\pi}} \exp[-\frac{1}{2}(\frac{x-\mu}{\sigma})^2]dx$$

그러므로 x가 정의되는 전 영역에서의 확률,

$P(-\infty \le x \le \infty) = \int_{-\infty}^{\infty} \frac{1}{\sigma\sqrt{2\pi}} \exp[-\frac{1}{2}(\frac{x-\mu}{\sigma})^2]dx = 1$이다.

그런데 연속확률변수 X가 특정 값 x를 취할 확률($P(X=x)$) 은 0이므로, $a \le x \le b$와 $a < x < b$의 영역에서의 확률, $P(a \le x \le b)$와 $P(a < x < b)$는 동일하다.

정규분포의 확률분포함수 〈식 5.9〉는 확률변수 X가 a와 b 사이의 값을 취할 확률을 평균과 분산을 통해 정의되기 때문에 정규분포는 평균과 분산으로 특성을 알 수 있다. 확률변수 X가 평균이 μ, 분산이 σ^2인 정규분포를 하는 경우 $X \sim N(\mu, \sigma^2)$로 표현하는 것은 이러한 이유에서이다.

정규분포에서 평균과 표준편차를 중심으로 하는 확률은 $P(x < \mu \pm 1\sigma) = 68\%$, $P(x < \mu \pm 2\sigma) = 95.45\%$, $P(x < \mu \pm 3\sigma) = 99.73\%$가 된다.

4.2. 표준정규분포

어떤 확률변수가 평균(μ)이 50이고 분산(σ^2)이 64인 정규분포($X \sim N(50, 64)$)를 한다고 하자. 이 경우 변수 X가 45 이상 55 이하의 값을 취할 확률은 〈식 5.9〉에서 $\int_{45}^{55} \frac{1}{\sigma\sqrt{2\pi}} \exp[-\frac{1}{2}(\frac{x-\mu}{\sigma})^2]dx$ 이다. 정규분포를 하는 변수가 일정한 범위의 값을 취하는 확률은 언제나 계산될 수 있다. 그러나 정규분포의 특성상 평균과 분산의 차이에 따라 서로 다른 무수한 분포형(그림 5-5)이 나타나므로 정규분포를 하는 변수에 대한 확률의 추정은 평균과 분산에 따라 개별적으로 추정될 수밖에 없다.

이러한 번거로움은 모든 정규분포를 하나의 표준형으로 변환시킬 경우 극복되게 된다. 표준정규분포는 모든 정규분포를 동일한 평균과 분산을 가진 분포로 표준화한 정규분포를 말한다.

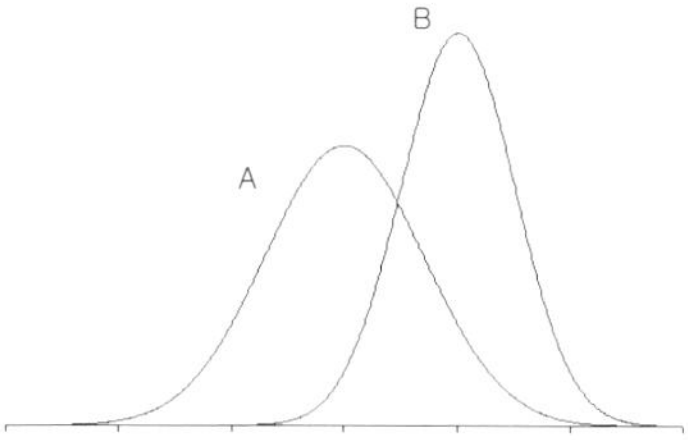

〈그림 5-5〉 평균과 분산이 다른 정규분포의 예

어떤 확률변수 X가 평균이 μ, 분산이 σ^2인 정규분포를 한다고 하자. 이제 새로운 확률변수 Z를 상정하고 이를 $Z=\dfrac{X-\mu}{\sigma}$로 정의하면 Z의 확률밀도함수, 확률분포, 평균과 분산은 각각 〈식 5. 10〉, 〈식 5. 11〉, 〈식 5. 12〉, 〈식 5. 13〉과 같이 된다.

〈식 5. 10〉 $f(z)=\dfrac{1}{\sigma\sqrt{2\pi}}\exp[-\dfrac{1}{2}z^2]$,

〈식 5. 11〉 $F(Z)=\int_c^d \dfrac{1}{\sqrt{2\pi}}\exp(-\dfrac{1}{2}z^2)dz$

〈식 5. 12〉 $\mu_z=\int_{-\infty}^{\infty} zP(Z=z)dz=\int_{-\infty}^{\infty} z\dfrac{1}{\sqrt{2\pi}}\exp(-\dfrac{1}{2}z^2)dz=0$

〈식 5. 13〉 $\sigma_z^2=\int_{-\infty}^{\infty}(z-\mu_z)^2P(Z=z)=\int_{-\infty}^{\infty} z^2\dfrac{1}{\sqrt{2\pi}}\exp(-\dfrac{1}{2}z^2)dz=1$

즉 확률변수 Z는 정규분포를 하는 확률변수 X의 평균과 분산에 관계없이 평균이 0, 분산이 1인 정규분포($Z\sim N(0,1)$)를 하게 된다는 사실을 알 수 있다. **이렇게 모든 정규분포를 하는 변수 X가 평균과 분산에 관계없이 평균이 0, 분산이 1인 Z 분포로 변환될 수 있다는 사실에서 Z의 분포를 표준정규분포라고 한다.**

정규분포를 하는 확률변수 X의 확률분포는 확률변수 X를 확률변수 Z로 변환함으로써 표준화되고 이 표준정규분포에서의 확률을 통해 추정될 수 있으므로 우리는 정규분포에 따라 각각 확률분포를 추정하는 번거로움을 피할 수 있다. 〈부록 – 표준정규분포표 II〉는 표준정규분포에서의 확률분포표이다.

[예제 5.7] 다음은 표준정규분포에서 Z 값의 범위를 보인 것이다. 각각의 확률을 구하라.

1) $z\leq 1$, 2) $z\leq 1.96$, 3) $-1.96\leq z\leq 1.96$, 4) $0.5\leq z\leq 1$

● 풀이 ●

1) 0.8413, 2) 0.975, 3) 0.95, 4) 0.1498

1) 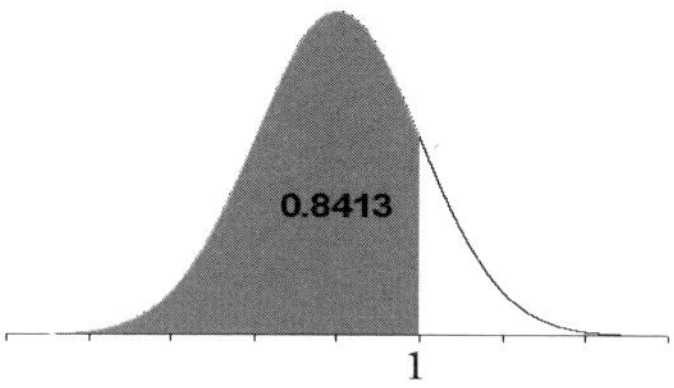

2) 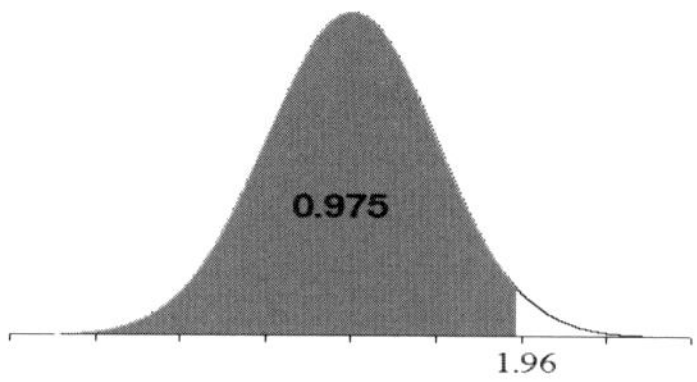

3) 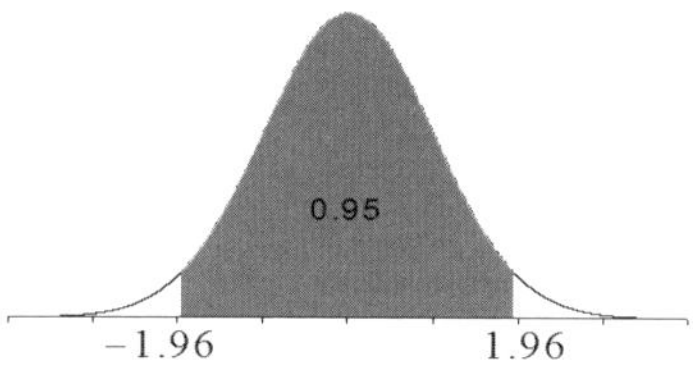

4) 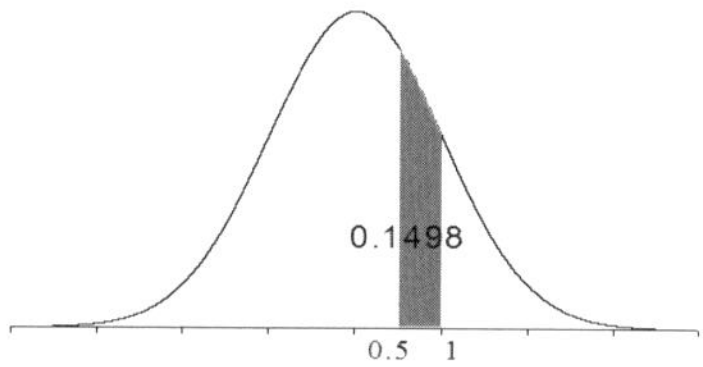

[예제 5.8] 모기의 천적 어류인 감부시아(*Gambusia*)의 체장은 평균 34.3mm, 분산이 30.14mm인 정규분포를 한다고 한다. 체장에 관한 다음 확률을 구하라.

1) 임의로 한 마리를 잡았을 때, 체장이 30mm 이하일 확률.
2) 임의로 한 마리를 잡았을 때, 체장이 35mm 이상일 확률.
3) 임의로 한 마리를 잡았을 때, 체장이 33mm에서 36mm 범위에 있을 확률.
4) 임의로 한 마리를 잡았을 때, 체장이 29mm에서 32mm 범위에 있을 확률.

● 풀이 ●

감부시아의 체장 분포가 정규분포를 하므로 구하는 확률은 표준정규분포로 변환하여 구할 수 있다. 분산이 30.14mm이므로 표준편차는 5.49mm이다.

1) $P(X \leq 30) = P(Z \leq \dfrac{30-34.3}{5.49}) = P(Z \leq -0.78) = P(Z \geq 0.78) = 0.2177$

2) $P(X \geq 35) = P(Z \geq \dfrac{35-34.3}{5.49}) = P(Z \geq 0.13) = 0.4483$

3) $P(33 \leq X \leq 36) = P(\dfrac{33-34.3}{5.49} \leq Z \leq \dfrac{36-34.3}{5.49})$

$= P(-0.24 \leq Z \leq 0.31) = (0.5 - P(Z \geq 0.24) + (0.5 - P(Z \geq 0.31)$

$= 0.0948 + 0.1217 = 0.2165$

4) $P(29 \leq X \leq 32) = P(\dfrac{29-34.3}{5.49} \leq Z \leq \dfrac{32-34.3}{5.49})$

$= P(-0.97 \leq Z \leq -0.42) = P(0.42 \leq Z \leq 0.97)$

$= P(0 \leq Z \leq 0.97) - P(0 \leq Z \leq 0.42) = 0.334 - 0.1628 = 0.1712$

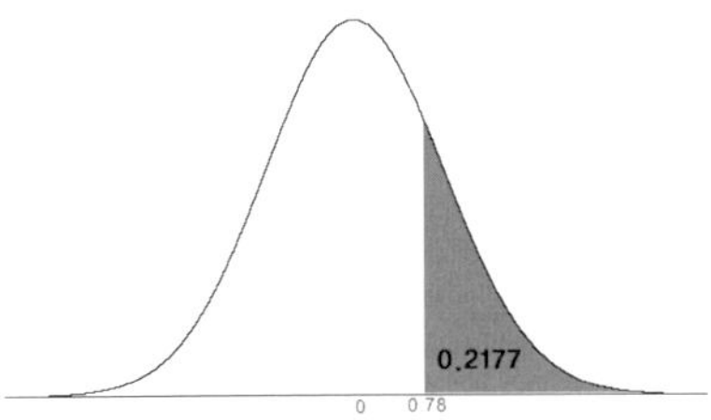

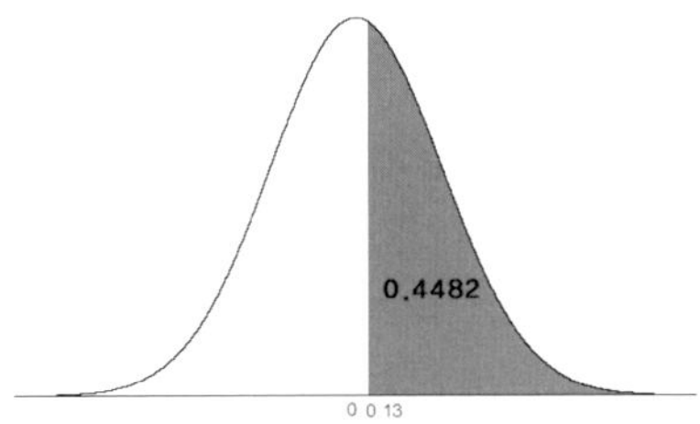

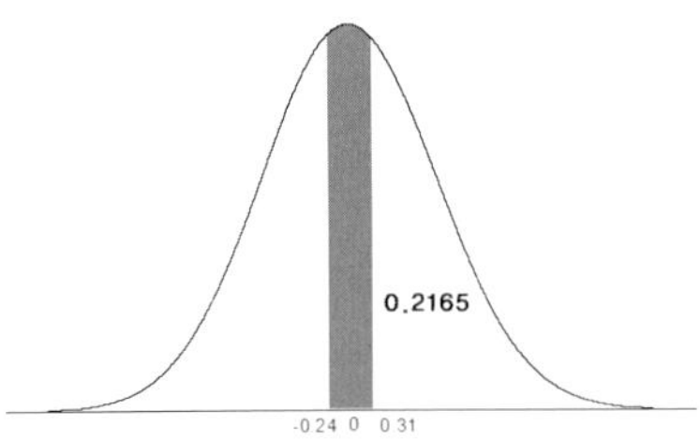

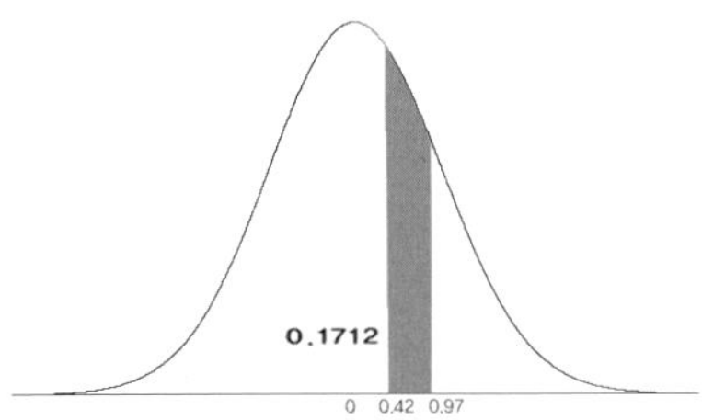

4.3. 이항 분포의 정규분포 근사변환

이항분포는 2절에서 언급된 바와 같이 n회의 독립적인 베르누이 시행과정에서 x번 원하는 결과를 얻는 횟수를 변수(X)로 하는 이산확률분포이며 n회 시행에서 x회 나타나는 확률은 $\binom{n}{x} p^x (1-p)^{(n-x)}$ 이다. 그러므로 시행횟수 n이 적은 경우에는 쉽게 확률을 추정할 수 있지만 n이 커감에 따라 확률 추정은 지루하고 번잡한 과정이 된다. 예를 들어 시행횟수(n)가 100이고 확률(p)이 0.3인 이항분포를 하는 사상에서 20회 성공($X=20$)할 확률은 $\binom{100}{20}\times 0.3^{20}\times(0.7)^{80}$이다. 이러한 번잡함을 피하기 위해서 이항분포를 정규분포에 근사(近似)하도록 변환시켜 확률을 추정하는 경우가 많으며 이를 이항 확률의 정규근사 추정이라고 한다.

이항분포는 평균이 np, 분산이 $np(1-p)$인 이산확률분포이다(**2절**). 이산확률변수를 연속확률변수로 연속화하기 위해서 확률변수 X가 취하는 값 x를 하나의 고정된 수 값으로 처리하지 않고 연속적인 값의 반올림의 결과로 생각하기로 한다. 즉, x를 0, 1, 2, 3, ・, ・, ・ 대신에 0.5 미만, 0.5 ~ 1.5, 1.5 ~ 2.5, 2.5 ~ 3.5, ・, ・, ・, $x-0.5 \leq x < x+0.5$로 하면 이산확률변수가 연속확률변수로 접근하게 되며 따라서 변수 $X=x$일 확률($P(X=x)$)은 다음과 같이 표준정규분포의 확률밀도함수로 추정될 수 있다.

〈식 5.14〉 $P(X=x)=P(\frac{(x-0.5)-np}{\sqrt{np(1-p)}} \leq z \leq \frac{(x+0.5)-np}{\sqrt{np(1-p)}})$

이항분포의 확률을 이렇게 표준정규분포로 변환하여 확률의 근사치를 추정하는 방법은 시행횟수가 커질수록 이항분포의 실제 확률과 차이가 미미하게 된다.

성공하는 확률이 0.3일 때, 100회 시행에서 20회 성공할 확률은 이항확률 추정식 〈식 5.3〉으로 계산하면 0.0076이다.

그런데 이를 $P(X=20)=P(\frac{(19.5-30)}{\sqrt{21}} \leq z \leq \frac{(20.5-30)}{\sqrt{21}})$로 변환하여 표준정규분포에 근거하여 확률을 추정하면 0.0082가 되므로 실제와 근사한 값을 얻을 수 있음을 보이고 있다.

이러한 정규근사치에 의한 확률추정은 포아송 분포에서도 동일하게 적용될 수 있다.

[예제 5.8] 쌀바구미 기생벌인 *Anisopteromalus calandrae*가 다 자란 쌀바구미 유충에 산란할 경우 자손의 성비(性比 : 암컷/(암컷+수컷))는 0.7로 조정된다고 한다. 이제 사육상(飼育箱)에서 임의로 200마리의 기생봉을 채집하여 130마리의 암컷을 얻었다고 하자. 알려진 대로 성비가 0.7일 때, 이 실험에서와 같이 200마리 중 암컷이 130마리일 확률은 얼마인가? 이항분포와 정규분포로의 근사변환을 통하여 추정해보라.

● 풀이 ●

이항분포에서 $P(X=130)=\binom{200}{130}0.7^{130}0.3^{70}=0.0186$이다.

이를 정규분포로 근사화하면 평균 140, 분산이 42, 표준편차가 6.48이므로

$P(X=130) \fallingdotseq P(\frac{129.5-140}{6.48} \le z \le \frac{130.5-140}{6.48}) = P(-1.62 \le z \le -1.47)$

$=0.4474-0.4292=0.0182$이다.

[예제 5.10] 예제 5.9에서와 같이 성비가 0.7일 때, 200마리 중 암컷이 130마리 이하일 확률은 얼마인가?

● 풀이 ●

이항분포에서 $P(X \le 130)=\sum_{0}^{130}0.7^{x}0.3^{200-x}$인데 이를 계산하기는 번잡하다.

정규분포로 근사화하면

$P(X \le 130) \fallingdotseq P(z \le \frac{130.5-140}{6.48}) = P(z \le -1.47) = P(z \ge 1.47) = 0.0708$

이다.

제6장 추정

1. 불편추정치

우리가 관심을 가지고 있는 모집단의 특성을 정확히 알기 위해서는 모집단을 구성하는 요소 전체의 값을 각각 측정하고 이를 토대로 모수인 평균(μ)과 분산(σ^2)을 산출해야 한다. 그러나 무한모집단에서 개개의 요소를 모두 측정하는 것은 불가능하며 유한모집단이라 하더라도 불가능하거나 무리인 경우가 대부분이다.

이와 같이 **모집단의 모수(母數 : parameter)를 실제로 산출하는 것은 불가능에 가까운 일이므로 모집단의 모수는 모집단으로부터 임의로 추출된 측정 가능한(유한한) 요소수로 구성되는 표본의 특성치(特性值 : statistics)를 토대로 추정하는 것이 일반적이다.** 추정(推定)은 글자 그대로 "추측하여 판정(判定)하는 것"으로 통계적 추정은 "표본을 통하여 평균과 분산 등 모집단의 모수를 바르게 추측하여 판정하는 것"이다. 추정이 제대로 되기 위해서는, 다시 말해서 추정의 보편타당성이 인정되기 위해서는, 1) 그 토대가 되는 표본이 임의표본이어야 하며(2장 2절), 2) 추정된 값인 추정치는 그 기댓값이 모수와 같다는 사실이 증명되어야 한다.

추정치의 기댓값이 모수와 같을 때, 즉 모수 θ와 추정치 $\hat{\theta}$ 간에 $E(\hat{\theta}) = \theta$가 성립될 때, 우리는 그 추정치를 바른 추정치라는 의미에서 **불편추정치(不偏推定値 : unbiased value)**라고 한다.

이제 표본의 특성치와 모수와의 관계를 보도록 하자.

표본 평균($\bar{x}$)은 모수 μ의 불편추정치이다. 왜냐하면 표본 평균의 기댓값이 다음 식의 전개에서처럼 모수인 모집단의 평균과 같기 때문이다.

〈식 6. 1〉 $E(\bar{x}) = E\left(\frac{\sum_{i=1}^{n} x_i}{n}\right) = \frac{1}{n}E(x_1 + x_2 + \cdots + x_n) = \frac{n\mu}{n} = \mu$

그러나 표본 분산을 분산의 정의식(〈식 3. 2〉)에 따라 추정할 경우 추정치($\hat{s}^2$)의 기댓값은 〈식 6. 2〉에서 보인 것처럼 모수(모집단의 분산)와 일치하지 않는다.

〈식 6. 2〉 $E(\hat{s}^2) = E\left(\frac{\sum(x_i - \bar{x})^2}{n}\right) = \frac{1}{n}E\left(\sum(x_i - \bar{x})^2\right) = \sigma^2 - \frac{1}{n}\sigma^2$

그러므로 모분산(σ^2)은 $\sigma^2 = \frac{n}{n-1} \times \frac{E[\sum(x_i - \bar{x})^2]}{n} = \frac{E[\sum(x_i - \bar{x})^2]}{n-1}$ 이고

따라서 **표본을 토대로 한 모분산의 불편추정치는 〈식 6.3〉**과 같이 정의된다.

〈식 6. 3〉 $s^2 = \frac{\sum(x_i - \bar{x})^2}{n-1}$

오른편 항의 분모인 $n-1$은 평균이 μ인 모집단에서 크기 n인 표본을 추출할 때 임의로 선택할 수 있는 최대 요소수라는 면에서 자유도(自由度 : degree of freedom)라고 한다. **표본의 분산은 평균과 편차의 제곱의 합을 표본의 크기가 아닌 자유도로 나누어준다는 사실을 기억하도록 하자.**

2. 표본 평균의 분포

표본 평균이 모집단 평균의 불편추정치이며 각 관측 값과 표본평균의 편차의 제곱의 합을 자유도로 나누어 얻은 분산(s^2) (〈식 6. 1〉) 이 모분산의 불편추정치라고 해서 하나의 표본으로부터 얻은 평균과 분산이 모집단의 평균 및 분산과 같은 값을 가지는 것은 아니다.

〈표 6-1〉은 〈표 2 - 2〉에서 보인 화랑곡나방 암컷 50마리의 산란 수 자료(평균 138. 72, 표준편차 64. 34) 에서 표본의 크기 5인 표본 10개를 임의로 추출하여 추정한 평균을 보인 것이다.

〈표 6-1〉 화랑곡나방의 산란수 자료 〈표 2-2〉에서 추출된 크기가 5인 임의 표본 10개의 평균산란 수

170	140.8	100.8	127.6	145.2	157.8	174.8	137.2	93.8	136.2

〈표 6-1〉은 모집단의 평균이 138. 72인 데 비하여 10개 표본의 평균이 93. 8에서 170까지 다른 값을 가진다는 것을 보여주고 있다.

지방 도시 어떤 병원의 하루 신생아 100명의 체중(kg) 을 측정한 자료(평균 3. 14kg, 표준편차 0. 51kg) 에서 표본의 크기가 10인 표본 10개를 임의로 추출하여 그 표본의 평균을 측정한 결과도 표본에 따라 표본의 평균이 상이함을 보여주고 있다(〈표 6-2〉).

〈표 6-2〉 신생아 100명의 체중 자료(모집단)에서 임의로 추출된 크기 10인 표본 10개의 평균

3.09	3.10	2.89	3.17	3.10	3.18	3.09	2.93	2.90	3.36

이러한 예들은 표본의 크기가 크든 작든 간에 표본의 평균은 표본에 따라 차이가 있으며 따라서 표본의 평균 자체가 변량임을 보여주는 것이다. 표본

의 평균이 변량이라면 표본 평균을 확률변수로 하는 표본평균의 확률분포를 생각할 수 있으며 이렇게 **특정 모집단으로부터 추출하여 이루어진 표본평균을 확률변수로 하는 확률분포를 표본 평균의 분포**라고 한다. 개개의 표본으로부터 추정된 평균은 그 자체가 변량이므로 모집단의 평균과 분산의 추정은 결국 표본평균의 분포를 통하여 이루어질 수밖에 없다.

지금부터 표본평균의 분포의 특성을 살펴보기로 한다.

이 과제를 보다 간단하게 생각하기 위해서 1, 2, 3, 4, 5의 5개 숫자로 구성된 유한모집단을 생각하자. 이 모집단의 평균(μ)은 3, 분산(σ^2)은 2이다. 이 모집단에서 표본의 크기가 2인 표본을 복원하면서 가능한 한 모두 취했다고 하자. 그러면 가능한 표본 수는 5^2으로 25개가 되며 각 표본평균의 평균과 분산은 〈표 6-3〉과 같다.

〈표 6-3〉 1,2,3,4,5인 모집단에서 크기 2인 표본을 복원하면서 추출하였을 때 표본 평균과 분산 일람표

X1	X2	$\overline{X}$	$P(\overline{X})$	$\overline{X}\,P(\overline{X})$	$(\overline{X}-\mu)^2$	$(\overline{X}-\mu)^2\,P(\overline{X})$
1	1	1.0	0.04	0.04	4	0.16
1	2	1.5	0.04	0.06	2.25	0.09
1	3	2	0.04	0.08	1	0.04
1	4	2.5	0.04	0.10	0.25	0.01
1	5	3	0.04	0.12	0	0
2	1	1.5	0.04	0.06	2.25	0.09
2	2	2	0.04	0.08	1	0.04
2	3	2.5	0.04	0.10	0.25	0.01
2	4	3	0.04	0.12	0	0
2	5	3.5	0.04	0.14	0.25	0.01
3	1	2	0.04	0.08	1	0.04
3	2	2.5	0.04	0.10	0.25	0.01
3	3	3	0.04	0.12	0	0
3	4	3.5	0.04	0.14	0.25	0.01

X1	X2	$\overline{X}$	$P(\overline{X})$	$\overline{X}P(\overline{X})$	$(\overline{X}-\mu)^2$	$(\overline{X}-\mu)^2 P(\overline{X})$
3	5	4	0.04	0.16	1	0.04
4	1	2.5	0.04	0.10	0.25	0.01
4	2	3	0.04	0.12	0	0
4	3	3.5	0.04	0.14	0.25	0.01
4	4	4	0.04	0.16	1	0.04
4	5	4.5	0.04	0.18	2.25	0.09
5	1	3	0.04	0.12	0	0
5	2	3.5	0.04	0.14	0.25	0.01
5	3	4	0.04	0.16	1	0.04
5	4	4.5	0.04	0.18	2.25	0.09
5	5	5	0.04	0.20	4	0.16
합			1.00	3.00 (평균)		2.00 (분산)

같은 요령으로 크기가 3인 표본과 4인 표본을 전부 취하면 그 평균의 분포 특성은 〈표 6-4〉와 같이 정리된다.

〈표 6−4〉 (1, 2, 3, 4, 5)인 모집단에서 크기 2, 3, 4인 표본을 복원하면서 전부 추출하였을 때 표본 평균과 분산 일람표

			평균(μ)	분산(σ^2)
모집단		(1, 2, 3, 4, 5)	3	2
표본	표본크기	표본 수	평균($\overline{X}$)	분산(s^2)
	2	25	3	1
	3	125	3	0.67
	4	625	3	0.5
	일반	5^n	μ	$\frac{\sigma^2}{n}$

〈표 6-3〉과 〈표 6-4〉는 **표본평균분포는 평균이** μ, **분산이** $\frac{\sigma^2}{n}$ **인 분포를 한다는 사실을 보여준다.** 그러므로 표본평균의 분포는 표본의 크기가 커질수록

분산($\frac{\sigma^2}{n}$)과 표준편차($\frac{\sigma}{\sqrt{n}}$)가 작아지는 분포이다(〈그림 6-1〉). 분산이 작다는 것은 그만큼 추정된 평균의 산포도가 작다는 것을 의미하므로 표본의 크기가 클수록 추정되는 평균의 정도(精度 : precision)가 높아지게 된다. 표본의 크기에 따라 그만큼 평균의 정도가 높아지므로 **표본 평균의 분포에서 표본의 크기는 추정된 평균의 정도를 결정하는 요인이 된다.** 그리고 표본 평균의 표준편차 ($s_{\bar{x}}$)는 추정된 평균의 정도를 말하고 있다는 점에서 **표준오차(標準誤差 : standard error)**라고 한다.

표본 평균($\bar{x}$)과 평균의 분산($s_{\bar{x}}^2$)의 기댓값이 각각 표본평균과 표본평균의 분산과 같으므로(〈식 6.4〉, 〈식 6.5〉) 각각 모수인 μ와 $\frac{\sigma^2}{n}$의 불편추정치가 됨을 알 수 있다.

〈식 6.4〉 $E(\bar{x}) = E(\frac{x_1 + x_2 + x_3 + \cdots + x_n}{n}) = \frac{1}{n}E(x_1 + x_2 + x_3 + \cdots + x_n)$

$$= \frac{1}{n}(E[x_1] + E[x_2] + E[x_3] + \cdots + E[x_n]) = \frac{n\mu}{n} = \mu$$

〈식 6.5〉 $V(\bar{x}) = V(\frac{x_1 + x_2 + x_3 + \cdots + x_n}{n}) = \frac{1}{n^2}(V(x_1) + V(x_2) + V(x_3) + \cdots + V(x_n))$

$$= \frac{1}{n^2}(n\sigma^2) = \frac{\sigma^2}{n}$$

따라서 표본평균의 분산($\frac{\sigma^2}{n}$)과 표준오차($\frac{\sigma}{\sqrt{n}}$)는 표본의 평균($\bar{x}$)과 분산(s^2)으로부터 각각 〈식 6.6〉과 〈식 6.7〉과 같이 추정된다.

〈식 6.6〉 $s_{\bar{x}}^2 = \frac{s^2}{n}$

〈식 6.7〉 $s_{\bar{x}} = \frac{s}{\sqrt{n}}$

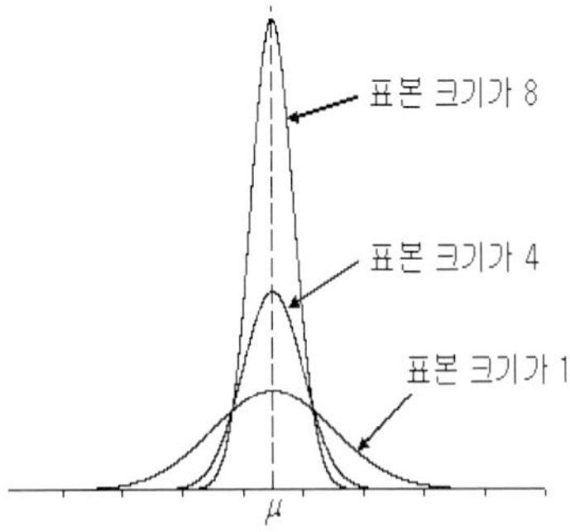

〈그림 6-1〉 표본평균의 분포

[예제 6.1] 어느 창고에 저장 중인 현미의 함수량은 평균이 10.98%, 표준편차가 0.44%로 유지된다고 한다. 이 창고에서 10개의 표본을 추출하여 함수량을 측정해 보고자 한다. 10개 표본평균의 평균과 표준오차의 기댓값은 얼마인가?

● **풀이** ●

표본평균의 평균은 모집단의 평균과 동일하다. 따라서 10.98%이다.

표준오차는 〈식 6.5〉에서 $\frac{0.44}{\sqrt{10}} = 0.14$이다.

2.1. 중심극한정리

$x_1, x_2, x_3, \cdots, x_n$을 평균이 μ이고 분산이 σ^2인 모집단에서 추출된 크기가 n인 표본이라 하면 이 표본평균의 분포는 평균이 μ이고 분산이 $\frac{\sigma^2}{n}$인 정규분포를 한다. 이를 중심극한의 정리(中心極限의 定理 : central limit theorem)라 한다. 이 정리는 모집단이 정규분포를 하지 않는 경우에도 성립되므로 표본을 토대로 하는 모평균과 모분산의 추정 및 모평균의 신뢰구간을 추정하는 근거가 된다.

3. 점 추정

"제비는 한 번에 몇 개의 알을 품는가?", "45세에서 49세 사이의 여성들이 다음 1년 사이에 위암에 걸리는 비율은 ?", "화랑곡나방의 산란 수는 얼마나 되는가?", "우리나라 대학생들은 얼마나 큰가?" 등의 과제가 주어진다면 우리는 해당되는 모집단에서 표본을 추출하고 그 표본을 토대로 일정한 값을 추정할 수 있다. 그 결과 우리는 "제비는 한 번에 4개의 알을 품는다", "위암에 걸리는 비율은 0.01%이다", "화랑곡나방의 산란 수는 138개이다"라고 할 수 있다. 이와 같이 평균과 분산 등 모수를 모르는 모집단의 특성을 임의 표본을 토대로 일정한 값으로 추정하는 과정을 점추정(點推定 : point estimation)이라 한다.

대상 모집단에서 임의로 크기 n인 표본을 추출하고 추출된 표본으로부터 모집단의 평균(μ)과 분산(σ^2)을 추정하는 것을 점추정(點推定 : point estimation)이라 한다. 이들의 불편추정치는 $\bar{x}$ 와 s^2이며(〈식 6.1〉과 〈식 6.3〉), 〈식 6.8〉과 〈식 6.9〉로 계산되는 표본의 통계량이다.

〈식 6.8〉 $\bar{x} = \dfrac{\sum_{i=1}^{n} x_i}{n}$

〈식 6.9〉 $s^2 = \dfrac{\sum (x_i - \bar{x})^2}{n-1} = \dfrac{\sum x_i^2 - (\sum x_i)^2/n}{n-1}$, $s = \sqrt{s^2}$

[예제 6.2] 다음은 생물통계학을 수강한 학생 중 임의로 선택한 10명의 시험 성적이다. 평균과 분산, 표준편차, 표준오차를 구하라.

68	83	55	76	81	66	72	57	77	88

● 풀이 ●

〈식 6.8〉과 〈식 6.9〉에 따라서

평균 $\bar{x} = \dfrac{68+83+55+76+81+66+72+57+77+88}{10} = 72.3$

분산 $s^2 = (68^2 + 83^2 + 55^2 + \cdots + 77^2 + 88^2 - \dfrac{723^2}{10})/9 = 118.23$

표준편차 $s = \sqrt{118.23} = 10.87$

표준오차 $s_{\bar{x}} = \dfrac{10.87}{\sqrt{10}} = 3.44$

4. 구간 추정

모집단의 평균과 분산을 표본을 통해서 추정한다는 것은 앞에서 설명한 바와 같다. 그러나 앞에서 언급된 바와 같이 표본에 따라, 표본의 크기에 따라 평균과 분산이 서로 다르며 이들이 또한 변량이므로 실제 모집단의 평균과 분산을 정확하게 반영하는 추정치가 될 수가 없다. 표본의 평균과 분산이 또한 표본평균의 분포(**6장 2절**)를 형성하는 확률변수이기 때문이다.

예를 들어 우리나라 10세 남자 아동의 키와 몸무게를 알고자 하였다 하자. 바람직하기는 10세 아동 전부의 키와 몸무게를 측정하여 평균과 분산을 구하는 것이다. 그러나 한정된 비용과 장비 및 인력으로는 불가능한 상황이기 때문에 10세 아동 100명의 임의 표본을 추출하여 키와 몸무게를 측정하여 키는 평균 125cm, 분산 36cm이고 몸무게는 평균 32kg, 분산이 45kg이라는 결과를 얻었다고 하자. 이 값들은 100명의 표본으로 볼 때 아동의 평균 키가 125cm로 추정된다는 것을 말하는 것으로 125cm는 추정치일 뿐 모수(모집단인 전국 아동의 키의 평균)가 125cm라는 것은 아니다. 또 다른 100명의 아동의 키를 측정한다면 다른 값을 얻을 것이기 때문이다.

표본을 토대로 추정된 추정치가 모수를 평균으로 하는 확률분포를 형성한다는 사실은 "추정된 추정치가 얼마나 모수와 근접해 있는가?"하는 추정치의 신뢰도를 평가하는 근거가 된다. 표본평균의 분포가 모수인 μ를 평균으로 하고 $\frac{\sigma^2}{n}$을 분산으로 하는 정규분포(**2절**)를 한다는 사실에서부터 모집단의 평균과 분산이 일정한 확률로 존재할 수 있는 구간(interval)을 추정할 수 있으며 이 구간의 넓이에 따라서 추정치의 신뢰도를 평가할 수 있기 때문이다. **표본 평균과 표준오차를 토대로 모집단의 평균과 분산이 일정한 확률($1-\alpha$)로 존재하는 구간을 추정하는 것을 구간추정(區間推定 : interval estimation)이라고 하고 이 구간을 신뢰구간(信賴區間 : confidence interval), 그에 의한 확률($1-\alpha$)을 신뢰수준(信賴水準 : confidence level)이라고 한다.**

4.1. 모평균의 신뢰 구간 추정

신뢰수준$(1-\alpha)$에서 모평균의 신뢰구간은 표준정규분포에서부터 유도된 〈식 6. 10〉로 추정된다.

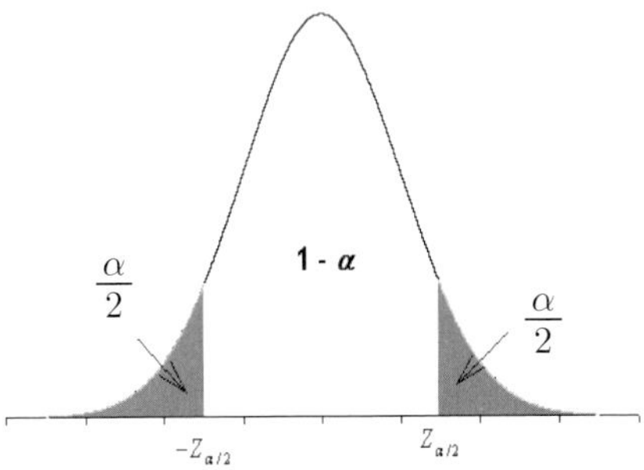

〈그림 6-2〉 표준정규분포에서의 신뢰구간

〈그림 6-2〉 표준정규분포에서 보는 바와 같이 밝은 역은 확률

$P(-z_{\frac{\alpha}{2}} \le Z \le z_{\frac{\alpha}{2}}) = 1-\alpha$가 성립되는 구간이다.

표준정규분포에서부터 왼편 항 괄호안의 식은

$-Z_{\frac{\alpha}{2}} \le \dfrac{\bar{x}-\mu}{\frac{\sigma}{\sqrt{n}}} \le Z_{\frac{\alpha}{2}}$ 이고,

이를 전개하면

$\bar{x} - Z_{\frac{\alpha}{2}} \times \dfrac{\sigma}{\sqrt{n}} \le \mu \le \bar{x} + Z_{\frac{\alpha}{2}} \times \dfrac{\sigma}{\sqrt{n}}$

이 되고, 따라서

$P(\bar{x} - Z_{\frac{\alpha}{2}} \times \dfrac{\sigma}{\sqrt{n}} \le \mu \le \bar{x} + Z_{\frac{\alpha}{2}} \times \dfrac{\sigma}{\sqrt{n}}) = 1-\alpha$이다.

표준정규분포는 평균이 0, 분산이 1 인 좌우동형의 분포이므로 확률 $1-\alpha$ 에 상응하는 모평균(μ) 신뢰구간의 하한값은 $\bar{x} - Z_{\frac{\alpha}{2}} \times \dfrac{\sigma}{\sqrt{n}}$, 상한값은

$\bar{x}+Z_{\frac{\alpha}{2}}\times\frac{\sigma}{\sqrt{n}}$ 이다(〈식 6. 10〉).

〈식 6. 10〉 신뢰구간의 하한값 : $C_L=\bar{x}-Z_{\frac{\alpha}{2}}\times\frac{\sigma}{\sqrt{n}}$

신뢰구간의 상한값 : $C_U=\bar{x}+Z_{\frac{\alpha}{2}}\times\frac{\sigma}{\sqrt{n}}$

일반적으로 신뢰수준은 $(1-\alpha)\times 100$ %로 표현하고 신뢰수준 90 %, 95 %, 99 %를 중심으로 표본 평균의 신뢰도를 평가한다.

〈식 6. 10〉에 따른 구간 추정은 모집단의 분산(모분산 : σ^2) 을 알고 있을 때 가능하다. 그러나 일반적으로 모분산은 표본을 통해 추정하는 경우가 많으며 이 경우 모분산의 불편추정치는 〈식 6. 9〉와 같이 관측치와 표본 평균 간의 편차의 제곱의 합을 표본의 크기(n) 로 나눈 값이 아니라 자유도($n-1$) 로 나누어 구한 값이다.

따라서 분산의 추정치는 자유도에 따라서 변화하며, 그 크기는 표본 크기가 작을수록 커지게 된다. 분산의 추정치가 자유도에 따라서 달라지므로 분산이 일정한 정규분포와는 다른 분포를 보이게 된다. 그러므로 표준정규분포에 토대를 둔 모평균의 구간추정은 표본의 크기가 커서 $n \fallingdotseq (n-1)$이 되는 경우에 이루어질 수 있으며 **표본의 크기가 작은 경우에는 뒤에서 설명하는 것처럼 $t-$분포에 토대를 두어야 한다(4.2).**

[예제 6.3] 임의로 10세 아동 100명을 추출하여 키를 측정하였더니 평균이 125cm, 분산 36cm였다. 이를 토대로 10세 아동들의 평균키의 95% 신뢰구간을 구하라.

● 풀이 ●

표본의 크기가 100으로 충분히 커서 표본분산을 모분산으로 생각할 수 있으며 표준정규분포를 토대로 구간추정이 가능하다. 표준정규분포에서 $(1-\alpha)=0.95$에 해당하는 $z_{\alpha/2}=1.96$이므로 모평균의 95% 신뢰구간의 하한값과 상한값은 다음과 같이 추정된다.

하한값 : $C_L = 125 - 1.96 \times \frac{\sqrt{36}}{\sqrt{100}} = 125 - 1.96 \times 0.6 = 125 - 1.18 = 123.82$

상한값 : $C_L = 125 + 1.96 \times \frac{\sqrt{36}}{\sqrt{100}} = 125 + 1.96 \times 0.6 = 125 + 1.18 = 126.18$

[예제 6.4] 임의로 10세 아동 100명을 추출하여 몸무게를 측정하였더니 평균이 35kg, 분산 45kg이었다. 이를 토대로 10세 아동들의 평균 몸무게의 95% 신뢰구간을 구하라.

● 풀이 ●

표본의 크기가 100으로 충분히 커서 표본분산을 모분산으로 생각할 수 있으며 표준정규분포를 토대로 구간추정이 가능하다. 표준정규분포에서 $(1-\alpha)=0.95$에 해당하는 $z_{\alpha/2}=1.96$이므로 모평균의 95% 신뢰구간의 하한값과 상한값은 다음과 같이 추정된다.

하한값 : $C_L = 35 - 1.96 \times \frac{\sqrt{45}}{\sqrt{100}} = 35 - 1.96 \times 0.67 = 35 - 1.31 = 33.69$

상한값 : $C_L = 35 + 1.96 \times \frac{\sqrt{25}}{\sqrt{100}} = 35 + 1.96 \times 0.67 = 35 + 1.31 = 36.31$

4.2. 소표본 분포와 모평균의 구간추정

4.2.1. 소표본 분포

확률변수 t를 설정하고 이를 $t=\frac{x_i-\bar{x}}{s}$ 또는 $t=\frac{\bar{x_i}-\mu}{s_{\bar{x}}}$로 정의하면, t는 정규분포와 같이 평균을 중심으로 좌우 대칭인 연속확률분포이면서 동시에 자유도에 따라 산포도가 다른 확률분포를 형성한다(〈그림 6-3〉). 이렇게 표본의 평균($\bar{x}$), 분산(s^2), 자유도(ν)로 특성화되는 확률분포를 t-분포라 한다. t-분포는 때로 이를 제안한 Gosset의 아호인 스튜던트(Student)를 붙여 스튜던트의 t-분포라고 한다. t-분포의 확률밀도함수와 확률분포함수는 각각 〈식 6. 11〉, 〈식 6. 12〉와 같으며 평균은 0, 분산은 $\frac{n}{n-2}$ 이다.

〈식 6. 11〉 $f(x) = C(1+\frac{t^2}{\nu})^{-\frac{\nu+1}{2}} = C(1+\frac{t^2}{\nu})^{-\frac{n}{2}}$,

여기에서 $C = \frac{\Gamma(\nu+1)/2}{\Gamma(\nu/2)\sqrt{\pi\nu}}$ 이며 ν는 자유도이다.

〈식 6. 12〉 $F(x) = \int_a^b C(1+\frac{t^2}{\nu})^{-\frac{n}{2}} dt$

부록 Ⅲ은 t-분포에서의 확률을 보인 것이다.

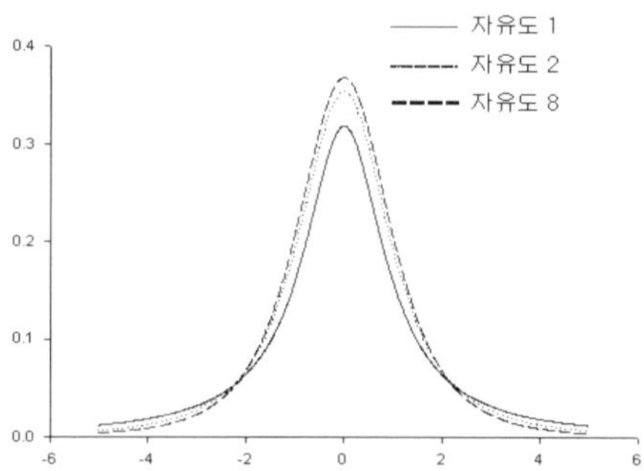

〈그림 6-3〉 자유도 1, 2, 8일 때의 t-분포

4.2.2. 소표본에서 모평균의 구간추정

t-분포에서부터 $P(-t_{\frac{\alpha}{2},\nu} \times \frac{s}{\sqrt{n}} \leq \bar{x} - \mu \leq t_{\frac{\alpha}{2},\nu} \times \frac{s}{\sqrt{n}}) = 1-\alpha$이고, 이를 전개하여 정리하면 확률 $1-\alpha$에서의 모평균의 위치는 〈식 6. 13〉과 같다.

〈식 6. 13〉 $\bar{x} - t_{\frac{\alpha}{2},\nu} \times \frac{s}{\sqrt{n}} \leq \mu \leq \bar{x} + t_{\frac{\alpha}{2},\nu} \times \frac{s}{\sqrt{n}}$

따라서 확률 $1-\alpha$에 상응하는 모평균(μ)의 신뢰구간의 하한값과 상한값은 〈식 6. 14〉와 같다.

〈식 6. 14〉 신뢰구간의 하한값 : $C_L = \bar{x} - t_{\frac{\alpha}{2},\nu} \times \frac{s}{\sqrt{n}}$

신뢰구간의 상한값 : $C_U = \bar{x} + t_{\frac{\alpha}{2},\nu} \times \frac{s}{\sqrt{n}}$

표본 크기(n)가 커짐에 따라 자유도 $n-1$이 점차 n에 수렴하여 표본 분산(s^2)이 모수인 σ^2에 수렴하게 되므로 모평균의 신뢰구간은 정규분포에 토대를 둔 신뢰구간에 수렴하게 된다. 따라서 표본의 크기가 충분히 커서 ($n-1$) ≒ n(일반적으로 $n > 30$)이 되는 크기에 이르면 무리한 오류(誤謬) 없이 정규분포에 토대를 둔 추정을 할 수 있다.

[예제 6.5] 생물통계학 수강생의 시험 성적은 연도에 관계없이 일정한 정규분포를 보인다고 한다. 임의로 선정된 수강생 10명의 생물통계학 시험 성적[예제 6.2]은 평균 72.3점, 분산이 118.23이었다. 이를 토대로 수강생 전체의 성적평균의 95% 신뢰구간을 구하라.

● 풀이 ●

표본의 크기가 10이므로 소표본이며 따라서 정규분포가 아닌 t－분포를 토대로 해야 한다. 분산이 118. 23이므로 표준편차는 10. 87이다. 또 자유도($n-1$)가 9인 t－분포에서 $t_{0.05/2,9}$=2.26이므로 95% 신뢰구간의 하한값과 상한값은 다음과 같이 추정된다.

하한값 : $C_L = 72.3 - 2.26 \times \frac{10.87}{\sqrt{10}} = 72.3 - 2.26 \times 3.44 = 72.3 - 7.77 = 64.53$

상한값 : $C_U = 72.3 + 2.26 \times \frac{10.87}{\sqrt{10}} = 72.3 + 2.26 \times 3.44 = 72.3 + 7.77 = 80.07$

[예제 6.6] 도시 인근을 흐르는 '갑' 강의 BOD를 추정하고자 임의로 선정된 20개 장소에서 BOD를 측정하여 평균 95.50*mg/l*, 표준편차 6*mg/l*를 얻었다. '갑' 강 상류의 BOD 평균의 90% 신뢰구간을 구하라.

● 풀이 ●

표본의 크기가 20이므로 소표본이며 따라서 정규분포가 아닌 $t-$분포를 토대로 해야 한다. 또 자유도$(n-1)$가 19인 $t-$분포에서 $t_{0.10/2,19}=1.729$이므로 95% 신뢰구간의 하한값과 상한값은 다음과 같이 추정된다.

하한값 : $C_L = 95.50 - 1.729 \times \dfrac{6.00}{\sqrt{20}} = 95.50 - 1.729 \times 1.34 = 95.50 - 2.32 = 93.18$

상한값 : $C_U = 95.50 + 1.729 \times \dfrac{6.00}{\sqrt{20}} = 95.50 + 1.729 \times 1.34 = 95.50 + 2.32 = 97.82$

5. 분산의 구간 추정

대상 모집단의 평균을 추정하는 것이 중요하지만 그에 못지않게 모분산, 즉 모집단의 변이 정도에 대한 정보가 중요한 경우가 많다. 작물 품종 간 형질 또는 수확량의 변이, 동일 종 생물의 지역적 변이, 생산품의 질적 동질성 등에 대한 정보가 그 예들이다. 이 경우 모집단의 산포도인 분산을 추정하는 것은 필수적이다.

모평균의 추정과 마찬가지로 표본으로부터 추정된 분산(s^2)은 모분산의 불편추정치이며 변량이므로 모분산과 동일한 값을 가지지 않는다. 그러나 표본분산이 χ^2-분포를 한다는 사실을 알고 있으므로 표본분산을 토대로 모분산이 일정확률$(1-\alpha)$로 포함되는 구간을 추정할 수는 있다. 이 구간을 모분산의 $(1-\alpha)\times 100\%$ 신뢰구간이라고 한다.

5.1. χ^2-분포

확률변수 X가 평균이 0, 분산이 1 인 정규분포를 한다면 $G=\sum_{i=1}^{n} x_i^2$ 로 정의되는 변수 G는 자유도 $n-1$인 χ^2 - 분포를 한다.

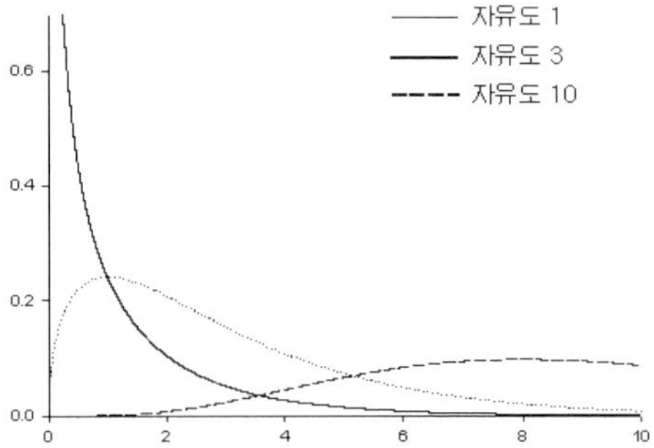

〈그림 6-4〉 자유도 1, 3, 10일 때 X²-분포

이 확률 분포는 〈그림 6-4〉에서 보인 바와 같이 정규분포나 t - 분포와는 달리 우편의(右偏倚) 분포이나 자유도가 커짐에 따라 그 편의가 감소한다.

χ^2 - 분포의 예로는 $G=\sum_{i=1}^{n} z_i^2 = \frac{\sum_{i=1}^{n}(x_i-\mu)^2}{\sigma^2}$ 의 분포를 들 수 있다.

부표 V 는 χ^2 - 분포에서의 확률을 보인 것이다.

5.2. 분산의 신뢰구간 추정

χ^2 - 분포를 하는 $G=\sum_{i=1}^{n} z_i^2 = \frac{\sum_{i=1}^{n}(x_i-\mu)^2}{\sigma^2}$ 에서 모평균 μ 대신에 표본에서의 추정치 $\bar{x}$를 대치하고 $\sum_{i=1}^{n}(x_i-\bar{x})^2=(n-1)s^2$를 이용하여 정리하면 $G=\frac{(n-1)s^2}{\sigma^2}$ 을 얻는다. 앞에서 서술된 바와 같이 변수 G는 자유도 $n-1$

인 χ^2 − 분포를 하므로 〈식 6. 15〉가 성립된다.

〈식 6. 15〉 $\chi^2_{n-1} = \frac{(n-1)s^2}{\sigma^2}$

따라서 $P(\chi^2_{(1-\frac{\alpha}{2}),n-1} \le \frac{(n-1)s^2}{\sigma^2} \le \chi^2_{\frac{\alpha}{2},n-1}) = 1-\alpha$이 되는 σ^2의 구간을 〈식 6. 16〉에 따라 추정할 수 있다.

〈식 6. 16〉 $\frac{(n-1)s^2}{\chi^2_{\frac{\alpha}{2},n-1}} \le \sigma^2 \le \frac{(n-1)s^2}{\chi^2_{(1-\frac{\alpha}{2}),n-1}}$

그러므로 모분산의 $(1-\alpha)\times 100$ %의 신뢰구간의 하한값과 상한값은 〈식 6. 17〉과 같다.

〈식 6. 17〉 신뢰구간의 하한값 : $\sigma^2_L = \frac{(n-1)s^2}{\chi^2_{\frac{\alpha}{2},n-1}}$

신뢰구간의 상한값 : $\sigma^2_U = \frac{(n-1)s^2}{\chi^2_{(1-\frac{\alpha}{2}),n-1}}$

[예제 6.6] 생물통계학 수강생 10명의 시험 성적을 임의로 추출하여 성적의 분산을 추정하여 118.23을 얻었다〔예제 6.4〕. 이를 토대로 모분산의 95% 신뢰구간을 구하라.

● 풀이 ●

자유도 9인 χ^2 − 분포에서 $\chi^2_{0.025,9}=19.0$, $\chi^2_{0.975,9}=2.70$이므로

하한값 : $\sigma^2_L = \frac{9\times 118.23}{19.0} = 56.00$

상한값 : $\sigma^2_U = \frac{9\times 118.23}{2.70} = 394.1$이다.

[예제 6.7] 도시 인근을 흐르는 '갑' 강의 BOD를 추정하고자 임의로 선정된 20개 장소에서 BOD를 측정하여 평균 95.50*mg/l*, 표준편차 6*mg/l*를 얻었다[예제 6.5] '갑' 강 상류의 BOD 분산의 95 % 신뢰구간을 구하라.

● 풀이 ●

자유도 19 인 χ^2 – 분포에서 $\chi^2_{0.025,19}=32.9$, $\chi^2_{0.975,19}=8.91$이므로

하한값 : $\sigma_L^2=\dfrac{19\times36}{32.9}=20.79$

상한값 : $\sigma_U^2=\dfrac{19\times36}{8.91}=76.77$이다.

6. 비율의 추정

서울 남산 식생 중 소나무가 차지하는 비율, 감귤 저장 중 곰팡이 감염률, 모기 중 뇌염 모기의 비율, 조류 독감에 의한 사람 감염률, 쌀바구미 기생봉에 의한 쌀바구미 피기생률 등 이항모집단에서 특정의 사상이 나타나는 비율은 그 사상의 상대적인 중요도를 보여주는 지표가 된다. 남산에서 소나무가 차지하는 비율이 낮다는 것은 그 생태계의 조건이 소나무의 성장에 상대적으로 불리함을 보이는 것이고 뇌염모기의 비율이 높다는 것은 그만큼 뇌염에 감염될 확률도 높고 따라서 뇌염 백신 접종 등 예방활동이 이루어져야 함을 말하는 것이다. 그러나 남산 숲에 서식하는 나무 전체를 일일이 종별로 계수하는 것은 어려우며 모기 모집단에서부터 뇌염모기를 계수하여 비율을 계산하는 것은 불가능하다. 비율도 역시 표본을 통해 추정되며 그 추정치 역시 변량이 된다는 사실은 앞에서 설명된 바와 같다.

따라서 모집단의 모비율도 표본의 비율과 신뢰구간을 토대로 추정될 수 밖

에 없다.

6.1. 모비율의 점 추정

표본의 크기 n에서 특정 사상이 나타난 빈도를 x라 하면 그 사상의 표본 비율(p)은 $p=\frac{x}{n}$로 추정되며 이것은 〈식 6. 18〉에서 보인 것처럼 모비율(π)의 불편추정치이다.

〈식 6. 18〉 $E(p)=E(\frac{x}{n})=\frac{E(x)}{n}=\frac{n\pi}{n}=\pi$

또 비율의 분산의 추정치는 〈식 6. 19〉와 같이 $\frac{p(1-p)}{n}$이다.

〈6. 19〉 $V(p)=V(\frac{x}{n})=\frac{V(x)}{n^2}=\frac{np(1-p)}{n^2}=\frac{p(1-p)}{n}$

6.2. 모비율의 구간추정

앞에서 설명한 이항분포의 정규근사(**5장 4절**)를 이용해서 표본의 비율과 분산을 토대로 모비율의 $(1-\alpha)\times 100$의 신뢰구간을 추정할 수 있다.

표준정규분포에서부터

〈식 6. 19〉 $P\left(-Z_{\frac{\alpha}{2}}\le \frac{p-\pi}{\frac{\sqrt{p(1-p)}}{\sqrt{n}}}\le Z_{\frac{\alpha}{2}}\right)=1-\alpha$

에서 확률 $(1-\alpha)\times 100$에 상응하는 모비율(π)의 신뢰구간의 하한값과 상한값은 각각 〈식 6. 20〉과 같음을 알 수 있다.

〈식 6. 20〉 하한값 : $p-Z_{\frac{\alpha}{2}}\times\frac{\sqrt{p(1-p)}}{\sqrt{n}}$,

상한값 : $p+Z_{\frac{\alpha}{2}}\times\frac{\sqrt{p(1-p)}}{\sqrt{n}}$

비율의 추정은 이항분포에 토대를 두고 있으며 이항분포는 표본의 크기가 충분히 클 경우 정규분포에 근사한 분포를 보인다는 사실에 바탕을 두고 있다. 따라서 구간 추정을 가능하게 하기 위해서는 표본의 크기가 충분히 커야 한다. 표본의 크기가 충분히 커서 분산($np(1-p)$)이 5보다 클 때 이러한 추정이 가능하다는 것은 이러한 이유에서이다.

[예제 6.8] 수출용으로 포장된 사과 200개를 임의로 선택하여 병과 벌레의 피해를 입은 사과를 선별하였던 바 10개가 피해과(被害果)였다. 피해과의 비율과 모비율의 95% 신뢰구간을 추정하라.

● 풀이 ●

피해과의 비율

$p = \frac{10}{200} = 0.05$, 즉 5 %로 추정된다.

모비율의 95 % 신뢰구간

표본의 분산은 $s_p^2 = \frac{0.05\,(1-0.05\,)}{200} = 0.00024$,

표준편차는 $s_p = \sqrt{s_p^2} = 0.015$ 이고, $z_{\frac{\alpha}{2}} = 1.96$이므로

95 % 신뢰구간의 하한값과 상한값은 각각 다음과 같다.

하한값 : $\pi_L = 0.05 - 1.96 \times 0.015 = 0.021$

상한값 : $\pi_U = 0.05 + 1.96 \times 0.015 = 0.079$

[예제 6.9] 쌀바구미 좀벌은 어린 쌀바구미 유충에 산란할 경우 암컷보다 수컷을 많이 낳을 것이라는 가설이 있다. 이 가설을 알아보기 위해 좀벌에게 어린유충을 제공하여 산란하도록 하였다. 80개의 알을 수집하여 성충이 될 때까지 보관하였던 바 암컷 30마리와 수컷 50마리를 얻었다. 어린 유충에 산란된 알의 수컷 비율과 90% 신뢰구간을 구하라.

● 풀이 ●

수컷의 비율

$p = \frac{50}{80} = 0.625$, 즉 62.5 %로 추정된다.

표본의 분산은 $s_p^2 = \frac{0.625(1-0.625)}{80} = 0.0029$,

표준편차는 $s_p = \sqrt{s_p^2} = 0.054$ 이고, $z_{\frac{\alpha}{2}} = 1.645$이므로

90% 신뢰구간의 하한값과 상한값은 각각 다음과 같다.

하한값 : $\pi_L = 0.625 - 1.645 \times 0.054 = 0.536$

상한값 : $\pi_U = 0.625 + 1.645 \times 0.054 = 0.714$

제7장 통계적 가설 검정

생물적 현상은 관찰과 선험적인 논리를 통해 해석되거나 설명되는 것이 일반적이다. 생물적 현상에 대한 이러한 설명은 다시 보편타당성(普遍妥當性)이 인정되는 실험을 통하여 입증되거나 아니면 다른 설명으로 대치되게 된다. 이렇게 "실험을 통해 입증되지 않은 특정 현상에 대한 설명"을 **가설(假說 : hypothesis)**이라고 하며 실험을 통해 가설의 타당성 여부를 판단하는 과정을 **가설검정(假說檢定 : hypothesis testing)**이라고 한다. 가설검정은 가설의 옳고 그름을 판단하는 과정이며 그 결과가 현상에 대한 바른 설명을 찾아가는데 그치지 않고 과학의 패러다임을 바꿀 수도 있으며 사회적인 파장으로 증폭될 수도 있다. 가설의 설정보다 가설의 검정에 더욱 엄격한 타당성과 보편성을 요구하는 것은 그 때문이다. 가설의 검정과정이 보편타당성을 가지지 못할 경우 잘못된 판단을 하게 될 뿐 아니라 그 결과가 무서운 결과를 초래할 수 있다. "살충제 사용이 생태계 파괴와는 관계가 없다"는 가설보다는 "실제로 살충제가 생태계 파괴와는 관계가 없다"는 검정 결과가 더 위험하기 때문이다. 어떤 제약회사에서 새롭게 개발된 항생제를 법규에 따른 여러 가지 실험을 거쳐 상품화하였다 하자. 그런데 그 회사에서 제시한 실험 결과와는 달리 심각한 부작용이 발견되었고 실험이 잘못된 것이었거나 인위적인 조작이 있었다는 것이 밝혀졌을 경우 밝혀지기까지 환자는 고스란히 그 부작용에 노출될 수밖에 없다. 하천과 호수의 부영양화(富營養化 : eutrofication) 진행과정에 대한 잘못된 가설과 이 가설을 토대로 하는 부영양화억제 계획을 수립한다면 부영양화를 억제할 수 없게 된다. 이와 같이 가설검정은 검정과정의 보편타당성을 엄격히 충족하는 것이어야 하며, 가설 검정의 논리는 이를 확보하기 위한 것이다.

1. 가설 검정의 원리

가설 검정과정에서 우리가 부딪치는 문제는 가설의 옳고 그름의 문제는 100% 확신하는 것이 아니라는 것이다. 모집단에서 추출된 일부의 표본을 통해 모수를 추정하고 그 추정된 모수가 가설과 일치한다고 할 수 있는가를 판단하는 것이다. 따라서 추정오차와 이에 따른 검정의 오류를 피할 수가 없다. 그러므로 가설의 검정은 가설이 맞을 경우에 나타나는 확률을 추정하고 이 확률을 기준으로 하고 이에 수반된 오류를 감수(甘受) 한다는 전제에서 이루어진다. 따라서 가설을 받아들이는 것〔採擇〕은 그 가설이 옳다는 것이 아니라 옳을 확률이 기준 확률보다 높다는 것이다. 다시 말한다면 "**가설이 옳은 것이 아니라 가설을 부정할 근거가 충분하지 못하다**"는 것이다.

1.1. 귀무가설과 대립가설

가설 검정과정에서 주어진 가설이 옳다는 것을 증명하는 것은 어렵다. 〈사례 7. 1〉과 〈사례 7. 2〉를 보면서 생각해 보자.

>>> 사례 7.1

2002년 7월부터 2003년 7월까지 매월 1회 조사된 호수 '갑'의 생물학적 산소요구량(BOD)은 평균 1.09 mg/l, 표준편차는 0.13 mg/l 이었다. 같은 기간에 호수 '을'에서는 각각 0.86 mg/l, 0.08 mg/l 였다. 이를 토대로 호수 '갑'의 생물학적 산소요구량이 호수 '을'보다 높다는 가설을 설정하는 것은 문제가 없으나 이 가설을 검정하는 것은 논리적으로 쉽지 않다. 만일 우리가 "평균값이 크기 때문에 가설이 맞다"고 판단한다면 적어도 다음 세 가지 문제에 부딪히게 된다.

1) 매월 1회 조사된 측정치는 두 호수의 생물학적 산소요구량을 대표할 수 있는 측정치가 될 수 있는가?
2) 두 지역 평균값의 차이는 0.23 mg/l 인데 이 차이는 충분히 차이가 있다고 인정되는 차이인가?
3) 임의의 시간에 두 지역에서 BOD를 측정할 경우 BOD 측정치가 같거나 호수 '을'의 측정치가 호수 '갑'보다 높을 수는 없는가?

이 세 가지 문제는 각각 표본의 대표성, 차이가 있다고 할 수 있는 차이의 크기, 그리고 확률의 문제와 닿아있는 것들이다. 표본의 대표성은 당연히 객관성을 가지는 임의 표본을 말하는 것으로 조사자의 표본 추출과정이 이를 충족하다는 정당한 근거가 있으면 해결되는 것이다. 확률의 문제는 기준 확률을 제시함으로써 적어도 "높을 수 있다면 얼마나 자주 그럴 수 있는가?"에 대해 답할 수 있을 것이다. 그러나 "차이가 있다고 할 수 있는 차이"에 대해서는 객관적인 근거를 제시하기가 어렵다.

>>> 사례 7.2

키 160cm인 사람의 정상 체중은 54kg 정도라고 한다. 그런데 홍길동의 키는 160cm이고 체중은 67kg이다. 이 자료를 가지고 "홍길동은 비만한 상태이다"라는 가설을 검정한다고 하자. 체질에 따라서 체중 10kg 정도의 차이는 충분히 있을 수 있으므로 비만이라고 할 수 없다. 따라서 가설을 기각(棄却) 하고 비만이 아니라고 판단할 수 있다. 이 경우 그렇다면 "정상체중에 비해 얼마나 큰 차이가 있을 때 비만이라고 할 수 있는가?" 하는 문제를 해결해야 한다. 15kg? 아니면 20kg 이상의 차이가 있어야 하는가?, 그렇다면 그 기준은 무엇인가? 하는 문제에 부딪히게 된다는 것이다.

위의 두 가지 예에서 보는 것처럼 "갑(甲)과 을(乙)은 차이가 있다", 또는 "갑과 을은 같지 않다", 또는 "가설이 맞지 않다"는 것을 바로 검정하는 것은 쉽지 않다. 그러나 대신에 "차이가 없다", 또는 "같다" 는 가설은 바로 검정할 수 있다. 그래서 가설검정은 "차이가 없다", 또는 "같다"는 가설을 검정함으로써 "차이가 있다", 또는 "다르다"는 가설을 검정하는 과정을 택하고 있다.

실제로 검정 대상이 되는 앞의 가설을 **귀무가설(歸無假說 : null hypothesis)**이라고 하며 귀무가설이 기각될 때 받아들이는 뒤의 가설을 **대립가설(對立假說 : alternative hypothesis)**이라고 한다. 가설 검정과정에서 귀무가설과 대립가설은 항상 쌍을 이루어 설정되며, 귀무가설은 H_0로 대립가설은 H_1으로 표기하여 구별하는 것이 일반적이다.

귀무가설은 언제나 "갑과 을은 같다", 또는 "갑과 을은 차이가 없다"는 형을, 대립가설은 "차이가 있다", 또는 "같지 않다"는 형을 택한다. 귀무가설을 검정함으로써 대립가설을 검정하는 가설 검정의 수순을 기억하도록 하자.

많은 경우 우리가 검정하고자 하는 가설은 "갑과 을이 차이가 있다", "갑과 을은 서로 같지 않다" 형식의 명제이다. 이에 대한 귀무가설은 이와 역인 "갑과 을은 차이가 없다" 또는 "갑과 을은 같다"는 형의 명제가 된다.

"임꺽정은 병들었다"는 가설을 검정하고자 하는 경우 귀무가설은 "병들지 않았다"이며 실제로 검정하고자 하는 "병들었다"는 가설은 대립가설이다.

"호수 '갑'은 오염되었다"는 가설을 검정하는 경우 귀무가설은 "오염되지 않았다"이며 실제로 검정하고자 하는 가설, "오염되었다"는 대립가설이다.

"간접흡연은 건강을 해친다"는 가설을 검정하는 경우 귀무가설은 "흡연은 건강을 해치지 않는다"이며 실제로 검정하고자 하는 가설, "흡연은 건강을 해친다"는 대립가설이다.

그러나 멘델의 법칙(Mendel's law), 하디-와인버그 법칙(Hardy-Weinberg law), 또는 성비 이론(Theory of sex ratio) 등 이론을 실험을 통해서 검정하거나 이론의 일반화 과정에서는 "실험 결과는 이론과 일치한다"는 가설을 증명하고자 하므로 실제로 검정하고자 하는 가설은 대립가설이 아닌 귀무가설이다.

"완두콩의 색깔은 멘델의 분리 법칙에 따라 유전한다"는 가설을 검정하고자 하는 경우 귀무가설은 실제로 검정하고자 하는 가설 즉 "멘델의 법칙에 따른다"이며 이에 대해 대립가설은 "멘델의 법칙에 따르지 않는다"이다.

귀무가설이 옳은지의 여부를 검정하는 기준은 귀무가설이 맞을 경우 실험의 결과가 나타날 수 있는 확률이다. 그런데 모집단 또는 표본의 특성, 또는 확률변수에 따라 상이한 확률분포를 보이기 때문에 가설 검정 대상의 측정치 즉 확률변수의 확률 분포를 아는 것이 가설 검정의 전제이다. 가설 검정에 이용되는 확률분포는 (표준)정규분포, t – 분포, 카이제곱분포(χ^2 – 분포), 이항분포, F – 분포 등 평균, 분산, 자유도 등으로 특성화되는 모수 분포이다. 표본 또는 변수의 특성에 따라 이러한 모수분포를 따르지 않는 경우도 많은 데 이 경우에는 비모수적 방법(非母數的 方法 : non parametric method)으로 실험 결과의 확률을 산출하게 된다.

모수분포에 의한 확률이든 비모수적 방법에 의한 확률이든 검정에 사용되는 확률변수를 **검정통계량(test statistic)**이라고 한다.

1.2. 가설 검정에서의 오류

귀무가설 검정의 기본이 되는 확률은 확률변수의 확률분포에 따르게 되는데 실험의 결과가 나타날 수 있는 확률은 무한히 0에 수렴할 수는 있지만 0이 되는 경우는 없다. 실험을 무한히 되풀이한다고 할 때 특정 결과가 나타나는 빈도는 무한히 낮아질 수는 있지만 그 결과가 전혀 일어나지 않는 경우는 생각할 수 없기 때문이다. 정규분포에서 확률변수가 취할 수 있는 값이 $-\infty \sim +\infty$인 것을 생각하면 이해가 될 것이다. 따라서 귀무가설에서 특정 결과가 일어날 확률이 0이 될 수는 없으며 검정의 결과 귀무가설을 기각한다면 귀무가설이 맞을 확률을 무시하는 것이다. 그 확률만큼 검정의 오류를 범하게 된다. 반면에 귀무가설이 맞지 않는데도 불구하고 귀무가설이 옳다고 결론을 내린다면 귀무가설이 틀리는 확률만큼 오류를 범하게 된다. 〈사례 7.3〉을 보면서 생각해 보자.

〉〉〉 사례 7.3

평균키가 170cm, 표준편차 5cm인 정규분포를 하는 집단에서 키가 162cm 이하인 개체가 나타날 확률은 5.48%이다. 임의로 선택한 한 사람의 키가 162cm이었다. "이 사람은 평균키가 170cm, 표준편차 5cm인 모집단에 속하는 사람이라고 할 수 있는가?"를 검정하고자 한다. 귀무가설은 "평균키가 170cm, 표준편차 5cm인 집단에 속하는 사람이다"이며 그렇다고 판단한다면 우리는 162cm 이하가 나타나지 않는 확률인 94.52%만큼 오류를 범하게 된다. 반면에 "이 집단에 소속된다고 할 수 없다"라고 판단한다면 우리는 162cm 이하가 나타날 수 있는 확률 5.48%만큼 오류를 범하게 된다.

그러므로 우리가 귀무가설이 "옳다"라고 판단하든, "옳지 않다"라고 판단하든 오류를 범하게 된다. 다시 말해서 실제로 귀무가설이 옳든 그르던 간에 검정의 오류는 피할 길이 없다는 것이다. 〈사례 7.3〉에서 본 것처럼 모든 검정을 통한 판단은 두 가지 오류를 동시에 감수해야 한다는 것이다.

실제로 귀무가설이 옳음에도 불구하고 "귀무가설이 틀렸다"고 판단하는 오류를 **제1종 오류**($\alpha - error$)라고 하며 반대로 귀무가설이 틀렸음에도 불구하고 "귀무가설이 옳다"고 판단하는 오류를 **제2종 오류**($\beta - error$)라고 한다(〈표 7-1〉).

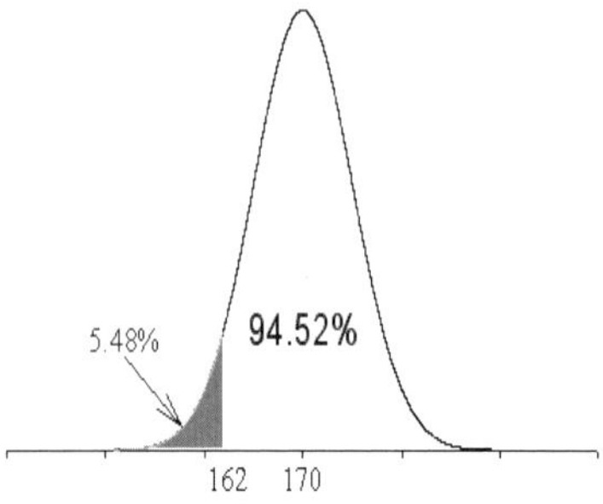

〈그림 7-1〉 〈사례 7.3〉의 그림

〈표 7-1〉 가설검정에서 나타나는 오류

		귀무가설의 실제	
		참	거짓
판단	참	오류 없음	제2종 오류
	거짓	제1종 오류	오류 없음

1.3. 유의수준, 기각역, 채택역

제1종 오류와 제2종 오류는 가설 검정 과정에서 피할 수가 없다. 또한 〈그림 7-2〉에서 보인 바와 같이 제1종 오류와 제2종 오류는 서로 길항적(拮抗的)이어서 제1종 오류를 감소시키면 제2종 오류가 증가하며 제2종 오류가 감소하면 제1종 오류가 증가한다.

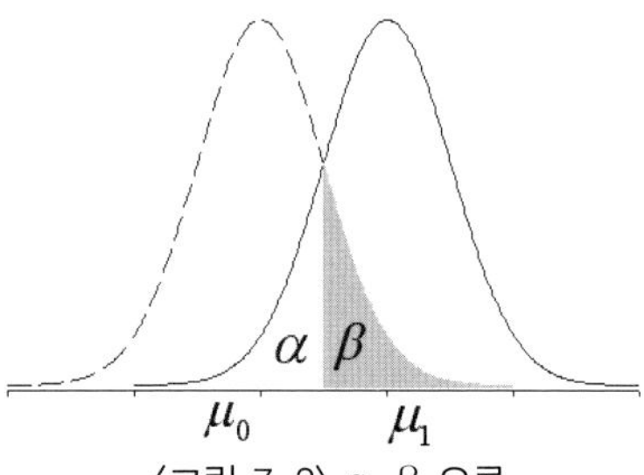

〈그림 7-2〉 α, β 오류

그러므로 어떤 오류를 기준으로 판단할 것인가에 대한 결정이 먼저 있어야 한다. 귀무가설이 옳음에도 불구하고 귀무가설이 틀렸다고 판단하는 오류를 범하는 것과 그 반대의 경우에 범하는 오류 중 어떤 오류가 더 문제가 되는가를 미리 결정하고 문제가 되는 오류를 기준으로 판단하는 것이 바람직하다는 것이다. 그러나 일반적으로 통용되는 기준은 제1종 오류($\alpha - error$) 수준으로 기준 크기는 5%, 1%, 0.1%이고 이 기준이 되는 오류의 크기를 (귀무가설을 기각하는 확률수준이라는 의미에서) **유의수준(有意水準)**이라고 한다. 유의수준을 중심으로 귀무가설을 기각하는 유의수준 이하의 확률 영역을 **기각역(棄却域 : rejection region)**이라고 하고 이에 대해 귀무가설을 채택하는 영역을 **채택역(採擇域 : acceptance region)**이라고 한다. 유의수준은 가설 검정 결과와 함께 보고 되며 각각 $\alpha = 0.05$, 0.01, 0.001 등으로 표기하고 각 수준에서 귀무가설을 기각할 경우 판단이 "유의하다", "현저히 유의하다", "고도로 유의하다"고 하고 각각 *, **, ***로 어깨표(a^{*}, a^{**}, a^{***})를 한다.

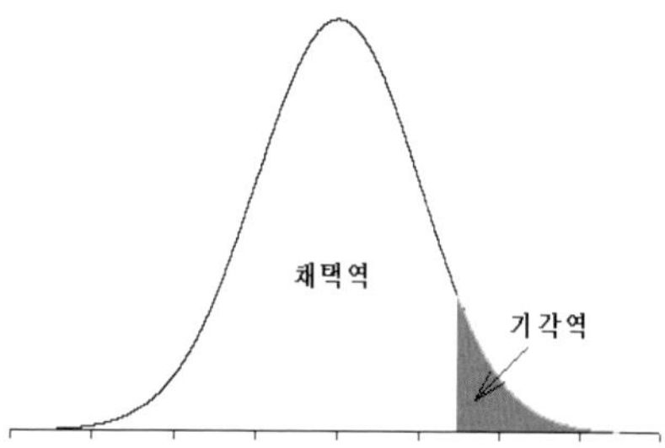

〈그림 7-3〉 단측검정에서 기각역

1.4. 대립가설과 기각역의 배치

귀무가설에 따라 동일한 유의수준의 검정이라 하더라도 귀무가설을 검정하는 기각역의 배치가 다를 수가 있으며 따라서 동일한 결과라 하더라도 귀무가설의 기각 여부가 달라질 수 있다.

"차이가 없다"($H_0 : \theta = \theta_0$)는 귀무가설과 짝을 이루는 대립가설은 세 가지가 가능하다. "차이가 있다"($H_I : \theta \neq \theta_0$), "보다 크다"($H_I : \theta > \theta_0$)와 "보다 작다"($H_I : \theta < \theta_0$)가 그것이다.

귀무가설이 "차이가 있다"는 대립가설과 짝이 될 경우 θ는 θ_0보다 크거나 작을 수 있으므로 〈그림 7-4〉에서 보인 것처럼 기각역이 양쪽에 나타나게 되는데 이 점에서 **양측 검정(兩側 檢定: two-sided test)**이라고 한다. 그러나 "보다 크다(작다)"는 가설과 짝이 될 경우 θ가 θ_0보다 크거나 작은 것에 관심이 있기 때문에 기각역은 한 쪽에 나타나며 이 점에서 **단측 검정(單側 檢定: one-sided test)**이라고 한다. 〈그림 7-3〉과 〈그림 7-4〉에서처럼 동일한 유의수준을 토대로 할 때 양측 검정에서 보다 단측 검정에서 귀무가설이 기각될 경우가 많다. 그러므로 단측 검정에서 기각된 귀무가설은 양측 검정에서 채택되는 경우가 생길 수 있으나 그 반대의 경우는 없다. 양측 검정에서 기각된 귀무가설은 단측 검정에서도 기각되므로 양측 검정에서 귀무가설이 기각되면 단측 검정의 대립 가설을 채택할 수가 있다.

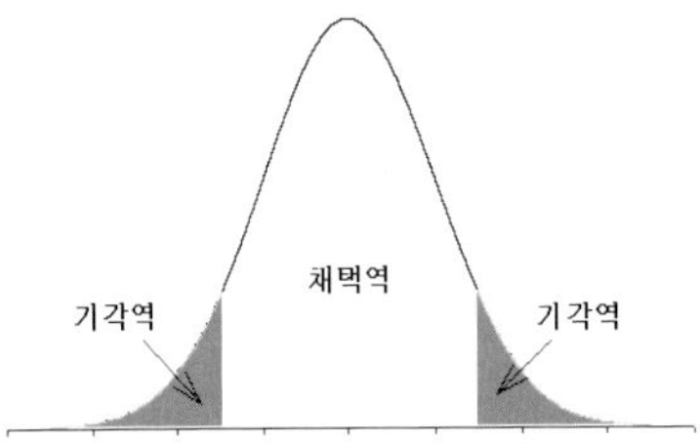

〈그림 7-4〉 양측검정에서 기각역

1.5. 검정력

가설 검정에서 귀무가설이 틀렸을 때 귀무가설을 기각할 수 있는 확률을 **검정력(檢定力: power of a test)**이라 하며 β를 제2종 오류를 범할 확률이라 하면 $(1-\beta)$로 정의된다. 검정력이 높을수록 틀린 귀무가설을 채택할 확률이 낮아진다는 것을 의미하므로 검정 결과에 대한 신뢰도는 높아진다. 검정력은 검정의 신뢰도를 말하는 척도이므로 표본의 크기 결정 등 신뢰도가 높은 검정을 수행하기 위한 실험설계과정에서 최우선적으로 검토되는 것이 보통이다. 실험 후 자료 분석 과정에서도 검정력을 측정할 수 있으나 낮은 검정력을 높일 수 있는 여지가 없으며 다만 검정 결과 해석상의 제한을 서술할 수 있을 뿐이기 때문이다.

1.5.1. 단측 검정에서의 검정력

평균이 μ_1, 분산이 σ^2인 정규분포를 하는 모집단이 있다고 하자. "이 모집단이 평균 $\mu_0(<\mu_1)$, 분산이 σ^2인 정규분포를 한다"는 가설을 검정할 경우 검정력 $(1-\beta)$은

〈식 7. 1〉 $PT = P(H_0 \text{기각} \mid H_0 \text{틀림}) = P(Z > z_\alpha \mid \mu_0 = \mu_1)$

$$= P(\frac{\bar{x}-\mu_0}{\sigma/\sqrt{(n)}} > z_{1-\alpha} \mid \mu_0 = \mu_1) \;=\; P(\bar{x} > \mu_0 + z_{1-\alpha}\sigma/\sqrt{(n)} \mid \mu_0 = \mu_1)$$

이다.

그런데 이것은 검정 대상인 모집단이 평균 μ_1, 분산 σ^2인 정규분포를 한다는 사실을 채택하는 확률과 같으며 〈그림 7-5〉, $1-F(x) = F(-x)$이고, $z_{1-\alpha} = -z_\alpha$이므로

〈식 7. 2〉 $PT = P(z < z_\alpha + \frac{(\mu_1 - \mu_0) \times \sqrt{n}}{\sigma})$ 단 $(\mu_1 > \mu_0)$

이다.

$\mu_1 < \mu_0$이라면 검정력은 〈식 7. 3〉과 같다.

〈식 7. 3〉 $PT = P(z < -z_\alpha + \frac{(\mu_1 - \mu_0) \times \sqrt{n}}{\sigma})$

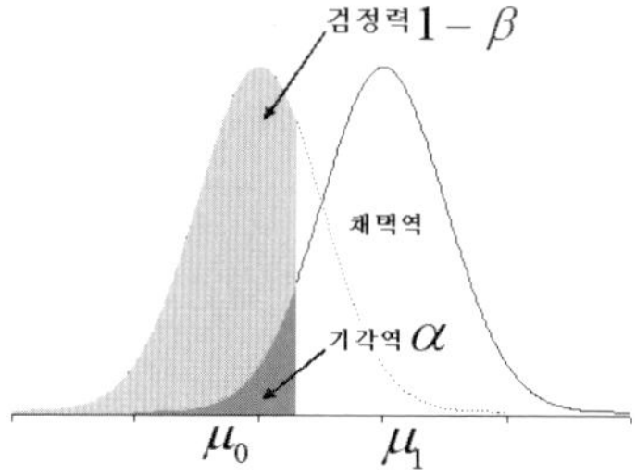

〈그림 7-5〉 단측검정에서 검정력

[예제 7.1] 1998년 남한강 수계의 100개 장소에서 측정된 BOD는 평균 0.89*mg/l*, 표준편차는 0.29*mg/l*인 정규분포를 하였다고 하자. 같은 해에 갑 지점에서 BOD를 30회 반복 측정하여 남한강 수계의 평균치보다 높은지를 알고자 한다. 귀무가설과 대립 가설은 각각 $H_0 : \mu_1 = 0.89$, $H_1 : \mu_1 > 0.89$이다. 유의수준은 $\alpha = 0.05$로 하기로 한다. 이 검정의 결과의 검정력이 95%가 되기 위해서 갑 지점에서의 실제 BOD 값이 얼마나 커야 하는가? 또 각 BOD 값에 따라 나타나는 검정력 그림을 제시해 보라.

● 풀이 ●

$P = 1 - 0.05 = 0.95$에 상응하는 z 값은 1.645 이므로

〈식 7.2〉로부터 $P(z < -1.645 + \frac{(\mu_1 - 0.89)\sqrt{30}}{0.29})$이다. $P(z < 1.645) = 0.95$이므로 $\mu_1 - 0.89 > 0.174$이어야 한다. 즉 검정대상 모집단의 평균이 1.064 이상일 때 검정력이 95% 이상이 된다는 것이다.

BOD 값에 따라 나타나는 검정력을 구하고 그 값들을 기초로 검정력 곡선을 그려보기로 하자.

1) 검정력 표

μ	1-β	μ	1-β
0.7	0	0.93	0.1867
0.71	0	0.94	0.242
0.72	0	0.95	0.305
0.73	0	0.96	0.3745
0.74	0	0.97	0.4483
0.75	0	0.98	0.5199
0.76	0	0.99	0.5948
0.77	0	1	0.6664
0.78	0	1.01	0.7324

μ	1-β	μ	1-β
0.79	0	1.02	0.791
0.8	0.0004	1.03	0.8413
0.81	0.0008	1.04	0.883
0.82	0.0015	1.05	0.9162
0.83	0.0027	1.06	0.9418
0.84	0.0048	1.07	0.9599
0.85	0.0082	1.08	0.9738
0.86	0.0136	1.09	0.9834
0.87	0.0217	1.1	0.9898
0.88	0.0336	1.11	0.994
0.89	0.05	1.12	0.9965
0.9	0.0721	1.13	0.9981
0.91	0.102	1.14	0.999
0.92	0.1401		

2) 검정력 그림

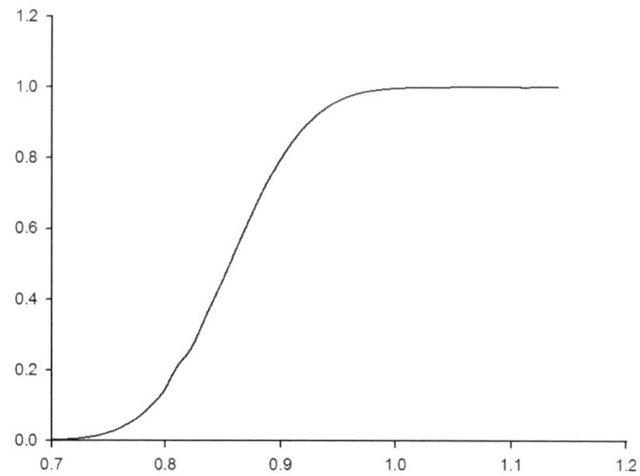

1.5.2. 양측 검정에서의 검정력

〈그림 7-6〉에서 보는 것과 같이 양측 검정에서 검정력은 〈식 7. 4〉와 같다.

〈식 7. 4〉

$$PT = P(H_0\text{기각} \mid H_0\text{틀림}) = P(Z < z_{\alpha/2} \mid \mu_0 = \mu_1) + P(Z > z_{1-\alpha/2} \mid \mu_0 = \mu_1)$$

$$= P(\frac{\overline{X} - \mu_0}{\sigma/\sqrt{n}} < z_{\alpha/2} \mid \mu = \mu_1) + P(\frac{\overline{X} - \mu_0}{\sigma/\sqrt{n}} > z_{1-\alpha/2} \mid \mu = \mu_1)$$

이것은 실제 모집단이 평균 μ_1, 분산 σ^2 인 정규분포를 한다는 사실을 채택하는 확률과 같으므로 검정력은 $P[z < z_{\alpha/2} + \frac{(\mu_0 - \mu_1)\sqrt{n}}{\sigma}] + 1 - P[z > z_{1-\alpha/2} + \frac{(\mu_1 - \mu_0)\sqrt{n}}{\sigma}]$이다. 그런데 이것은 검정 대상인 모집단이 평균 μ_1, 분산 σ^2인 정규분포를 한다는 사실을 채택하는 확률과 같으며(〈그림 7-6〉), $1 - F(x) = F(-x)$이고, $z_{1-\alpha} = -z_{\alpha}$이므로 〈식 7. 5〉과 같다.

〈식 7. 5〉 $PT = P(z < -z_{1-\alpha/2} + \frac{|\mu_1 - \mu_0| \times \sqrt{n}}{\sigma})$

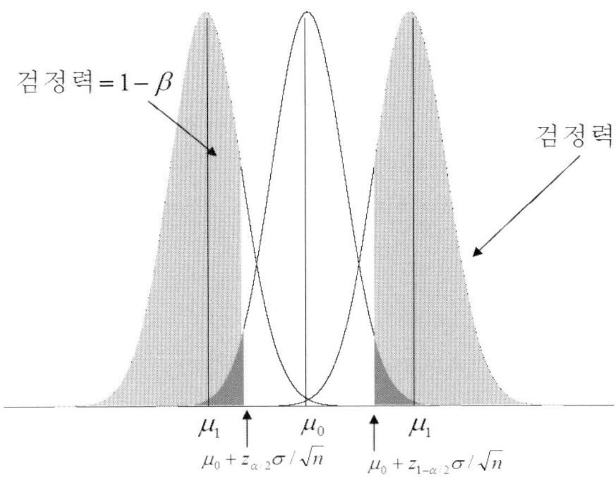

〈그림 7-6〉 양측 검정에서 검정력

[예제 7.2] 예제 7.1에서 양측 검정으로 검정할 경우 검정력을 생각해 보자. 이 경우 귀무가설과 대립 가설은 각각 $H_0 : \mu_1 = 0.89$, $H_1 : \mu_1 \neq 0.89$ 이다. 이 가설 검정은 갑 지역에서의 BOD 값이 얼마나 크거나 작을 때 95%의 검정력을 가지는가? 또 각 BOD 값에 따라 나타나는 검정력 그림을 제시해 보라.

● 풀이 ●

$P = 1 - 0.05/2 = 0.975$에 상응하는 z 값은 1.96 이므로

〈식 7.5〉로부터 $PT = P(z < -1.96 + \frac{|\mu_1 - \mu_0| \times \sqrt{30}}{0.29})$

그런데 $P(z < 1.645) = 1 - 0.05$이므로 $|\mu_1 - 0.89| > 0.191$이어야 한다. 즉 검정대상 모집단의 평균이 1.081 이상이거나 0.699 이하일 때 검정력이 95% 이상이 된다는 것이다.

우선 BOD 값에 따라 나타나는 검정력을 구하고 그 값들을 기초로 검정력 곡선을 그려보기로 하자.

1) **검정력 표**

μ	$1-\beta$	μ	$1-\beta$
0.5	1	0.9	0.0542
0.51	1	0.91	0.067
0.52	1	0.92	0.088
0.53	1	0.93	0.1184
0.54	1	0.94	0.1558
0.55	1	0.95	0.2043
0.56	1	0.96	0.2616
0.57	1	0.97	0.3267
0.58	0.9999	0.98	0.3975
0.59	0.9999	0.99	0.4722

μ	$1-\beta$	μ	$1-\beta$
0.6	0.9998	1	0.5478
0.61	0.9995	1.01	0.6217
0.62	0.9992	1.02	0.6915
0.63	0.9984	1.03	0.7517
0.64	0.9971	1.04	0.8078
0.65	0.9949	1.05	0.8554
0.66	0.9913	1.06	0.8944
0.67	0.9861	1.07	0.9251
0.68	0.9778	1.08	0.9484
0.69	0.9656	1.09	0.9656
0.7	0.9484	1.1	0.9772
0.71	0.9251	1.11	0.9861
0.72	0.8944	1.12	0.9913
0.73	0.8554	1.13	0.9949
0.74	0.8078	1.14	0.9971
0.75	0.7817	1.15	0.9984
0.76	0.6915	1.16	0.9992
0.77	0.6217	1.17	0.9996
0.78	0.5478	1.18	0.9998
0.79	0.4722	1.19	0.9999
0.8	0.3975	1.2	0.9999
0.81	0.3267	1.21	1
0.82	0.2616	1.22	1
0.83	0.2043	1.23	1
0.84	0.1558	1.24	1
0.85	0.1184		
0.86	0.088		
0.87	0.0667		
0.88	0.0542		
0.89	0.05		

2) 실제 $\mu_1 = 0.50$부터 $\mu_1 = 1.22$까지 구간에서 검정력 곡선은 다음과 같다.

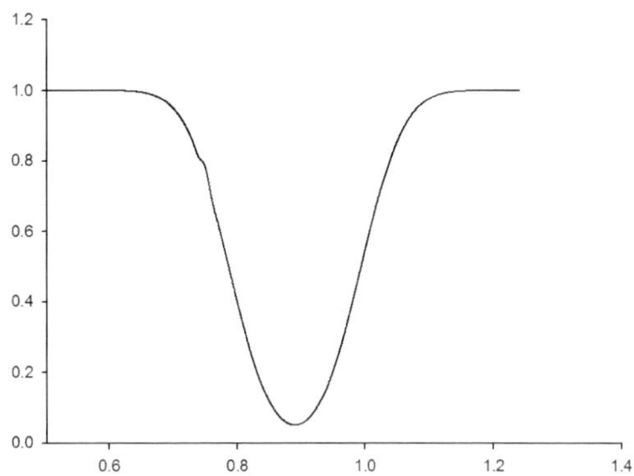

〔예제 7. 1〕과 〔예제 7. 2〕는 동일한 검정력을 충족시키는 평균 간 차이가 단측 검정에서 양측 검정보다 작으며 그만큼 작은 차이에서도 귀무가설을 기각할 확률이 높다는 것을 보여주고 있다. 이것은 단측 검정에서 기각된 귀무가설은 양측 검정에서는 기각되지 않을 수 있으나 양측 검정에서 기각된 가설은 단측 검정에서도 기각된다는 것을 보여주는 것이며 그만큼 검정의 결과에 영향을 준다는 것을 의미한다. 따라서 가설 검정을 시작하기 전에 단측 검정을 할 것인지, 양측 검정을 할 것인지에 대한 충분한 검토가 있어야 한다.

1.5.3. 비율 검정의 검정력

비율에 대한 가설 검정(양측) ($H_0 = p_0;\ H_1 \neq p_0$)에서의 검정력은 유의수준을 α로 할 때 〈식 7. 6〉과 같다.

〈식 7. 6〉 $PT = P(z < \left[\frac{\sqrt{p_0 q_0}}{p_1 q_1} \left(z_{\alpha/2} + \frac{|p_0 - p_1| \sqrt{n}}{\sqrt{p_0 q_0}} \right) \right])$

여기에서 $q_0 = 1 - p_0$, $q_1 = 1 - p_1$이다.

> **[예제 7.3]** 정자은행에서 제공된 정자로 인공수정되어 출산한 아기에 대한 친권에 대하여 여론 조사를 한 결과 응답자의 60%가 남편에게 있다고 응답하였다. 유의수준 5%에서 친권이 남편에게 있다는 비율이 50%라는 귀무가설의 검정력을 응답자가 10명일 때와 100명일 때에 산출해 보자.

$p_0=0.5$, $p_1=0.6$이므로 〈식 7.6〉에서 100명일 경우 $PT=P(z<0.04)=0.52$이다. 표본의 크기가 10이라면 $PT=P(z<-1.35)=0.09$ 가 된다.

1.6. 표본 크기의 결정

〔예제 7.1〕에서 예시한 대로 남한강 수계의 BOD 값의 평균과 분산이 각각 0.89 *mg/l*, 0.29 *mg/l* 인 정규분포를 한다고 하자. 〈그림 7-7〉은 수계의 특정 지점에서의 BOD 값이 수계 전체의 평균과 차이가 있는지를 검정하는 과정에서 표본의 크기가 달라지면서 나타나는 검정력 곡선을 보인 것이다. 표본의 크기가 커질수록 검정력이 커지고 작은 차이에서도 귀무가설을 기각할 확률이 커짐을 알 수 있다. 표본의 크기는 검정력과 관계가 있으며 표본의 크기가 클수록 그 신뢰도는 커진다는 것을 의미하는 것이다. 그러므로 가설검정의 신뢰도를 높이기 위해서는 표본의 크기를 가능한 한 크게 해야 한다.

그러나 표본을 추출하는 데 소요되는 경비와 인력과 시간이 제한되어 있기 때문에 표본의 크기를 무작정 크게 할 수는 없다. 그러므로 가설 검정의 신뢰를 인정받을 수 있는 신뢰도를 기준으로 표본의 크기를 결정하고 이에 의거해서 표본을 추출해서 가설을 검정하고 결론을 서술하되 결론에 대한 신뢰도를 부기(附記) 하는 방법을 사용한다.

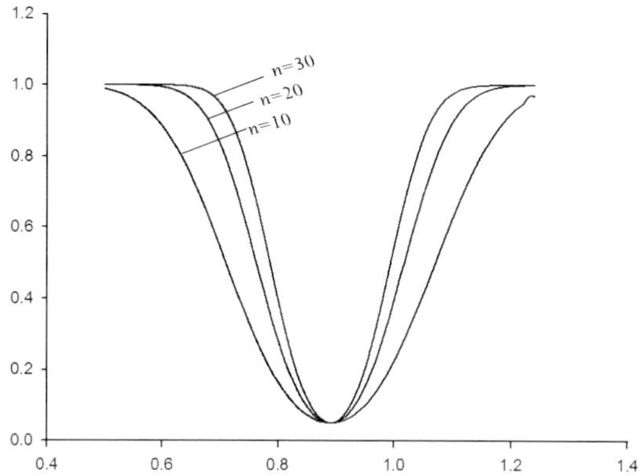

〈그림 7-7〉 [예제 7.1]에서 표본크기에 따른 검정력 곡선

검정의 신뢰도는 또한 추정치의 정도(精度 : precision)로 나타낼 수도 있다. 추정치의 오차가 작을수록 신뢰도는 높아지기 때문이다. 추정치의 오차는 표준오차를 작게 하여 결과적으로 모평균의 $(1-\alpha) \times 100$의 신뢰구간을 좁게 함으로써 작게 할 수가 있다. 일반적으로 **모평균 추정치에 대한 오차의 상대적 크기를 표본의 정도(精度 : precision)**라고 한다. 표준오차는 표본의 크기에 의존적인 값(**6장 2절**)이므로 표본의 크기를 크게 할수록 표준오차는 작아지고 정도는 높아지게 된다. 그러므로 요구되는 수준의 정도를 충족하기 위해서 표준오차를 조정하고 이에 따라 표본의 크기를 결정할 수 있다.

표본의 크기를 결정함에 있어 검정력(檢定力)을 기준으로 하는가 아니면 정도(精度)를 기준으로 하는가에 따라 차이가 있을 수 있으며 이는 검정하고자 하는 가설의 특성에 따라 고려할 문제이다. 일반적으로 가설검정에서 제2형 오류($\beta-error$)가 중요한 경우 검정력을 기준으로 하는 것이 바람직하다. 공해 물질의 문제, 의약품의 안전성 검증 또는 질병 매개충의 매개력 검증 등은 이의 좋은 예이다. "영향이 있음에도 불구하고 영향이 없다"고 판단하는 오류가 "영향이 없음에도 영향이 있다"고 판단하는 오류보다 더 위험하기 때문이다. 이에 대해 검정의 정도를 높이는 것이 더 중요하다고 판단될 때는 오차를 조정하는 방법이 바람직하다.

1.6.1. 검정력 기준 표본 크기의 결정

1.6.1.1. 단측 검정에서의 표본 크기

$z_{1-\beta} = z_{\alpha} + \frac{(\mu_0 - \mu_1) \times \sqrt{n}}{\sigma}$ 이므로(〈식 7. 1〉),

검정력 $1-\beta$에서의 표본의 크기는 〈식 7. 7〉과 같다.

〈식 7. 7〉 $n = \frac{(-z_{\alpha} + z_{1-\beta})^2 \sigma^2}{(\mu_0 - \mu_1)^2} = \frac{(z_{1-\alpha} + z_{1-\beta})^2 \sigma^2}{(\mu_0 - \mu_1)^2}$

[예제 7.4] 남한강 수계의 특정 지점의 BOD를 추정하기 위해서 예비로 10개의 표본을 채취하여 평균값 1.0*mg/l*을 얻었다고 하자. 지금 이 지점의 BOD가 수계의 평균보다 높은지를 유의수준 5%에서 검정하고자 한다. 검정력이 적어도 90%가 되기 위해서는 표본의 크기가 얼마나 되어야 하는가? 단 분산은 동일하다고 가정한다.

● 풀이 ●

〈식 7. 7〉에서부터 $n = \frac{(1.645 + 1.28)^2 \times 0.29^2}{(0.89 - 1.00)^2} = 59.47$이 된다. 그런데 표본의 크기는 자연수가 되어야 하므로 검정력이 90% 이상이 되기 위해서는 60개의 측정치가 필요하다고 할 수 있다.

1.6.1.2. 양측 검정에서의 표본 크기

$-z_{1-\alpha/2} + \frac{|\mu_0 - \mu_1| \sqrt{n}}{\sigma} = z_{1-\beta}$ (〈식 7. 5〉) 이므로

검정력 $1-\beta$에서의 표본의 크기는 〈식 7. 8〉과 같다.

〈식 7.8〉 $n=\dfrac{\sigma^2(z_{1-\beta}+z_{1-\alpha/2})^2}{(\mu_0-\mu_1)^2}$

[예제 7.5] 예제 7.4의 자료를 가지고 양측 검정의 경우 필요한 표본 크기를 생각하도록 하자. μ_1이 1.0*mg/l* 이고 표준 편차가 0.29*mg/l* 이므로 검정력이 90%가 되기 위해서는 〈식 7.8〉로부터
$n=\dfrac{0.29^2(1.28+1.96)^2}{(0.89-1.00)^2}=72.96$이 된다. 그러므로 양측 검정에서 검정력이 0.9 이상이 되기 위해서는 73개의 측정치가 필요하다고 할 수 있다.
양측 검정에서 단측 검정(예제 7.4)과 동일한 검정력을 가지기 위해서는 표본의 크기가 커야 함을 알 수 있다.

1.6.1.3. 비율 검정에서의 표본 크기

귀무가설과 대립가설이 각각 $H_0: p=p_0,\ H_1: p\neq p_0$인 비율 검정에서 요구되는 검정력을 얻기 위한 표본의 크기는 〈식 7.6〉에서부터

〈식 7.9〉 $n=\dfrac{p_0\times q_0\left[z_{1-\alpha/2}+z_{1-\beta}\sqrt{\dfrac{p_1\times q_1}{p_0\times q_0}}\right]^2}{(p_1-p_0)^2}$, $(q_0=1-p_0, q_1=1-p_1)$이다.

[예제 7.6] 정자은행에서 제공된 정자로 인공수정되어 출산한 아기에 대한 친권에 대하여(예제 7.3) 유의수준 5%에서 친권이 남편에게 있다는 비율이 50%라는 귀무가설의 검정력이 90% 이상이 되기 위해서 필요한 최저 응답자수는 몇 명인가?
또 검정력이 95% 이상이 되기 위해서는 얼마나 많은 응답자가 필요한가?

$H_0: p_0=0.5$, $H_1: p\neq0.5$이고 $p_1=0.6$이며, $z_{1-\alpha/2}=1.96$, $z_{0.9}=1.28$, $z_{0.95}=1.645$이므로 〈식 7. 5〉에서부터 검정력이 90%가 되기 위해서는

$n=\frac{0.50\times0.50\left[1.96+1.28\sqrt{\frac{0.6\times0.4}{0.5\times0.5}}\right]^2}{(0.6-0.5)^2}=258.26$으로 259명이, 검정력이 0. 95가 되기 위해서는 $n=\frac{0.50\times0.50\left[1.96+1.645\sqrt{\frac{0.6\times0.4}{0.5\times0.5}}\right]^2}{(0.6-0.5)^2}=318.93$으로, 319명의 응답이 필요하다.

1.6.2. 정도 기준 표본 크기의 결정

검정력보다는 정도에 기준을 두고 표본의 크기를 결정하는 과정이다.

1.6.2.1. 양측 검정에서의 표본 크기

모평균 추정치에 대한 오차의 상대적 크기인 표본의 정도(精度 : precision)를 크게 한다는 것은 모평균의 $(1-\alpha)\times100\%$의 신뢰구간을 좁게 한다는 의미이다.

그런데 모평균의 $(1-\alpha)\times100\%$ 신뢰구간은

$$(\bar{x}-z_{\alpha/2}\times\frac{\sigma}{\sqrt{n}},\ \ \bar{x}+z_{\alpha/2}\times\frac{\sigma}{\sqrt{n}})$$

이며 따라서 평균과의 오차한계는

$$e=\left|Z_{\alpha/2}\times\frac{\sigma}{\sqrt{n}}\right|$$

이고, 이를 정리하면

〈식 7. 10〉 $n=\frac{z_{\alpha/2}^2\times\sigma^2}{e^2}$ 이다.

모분산(σ^2)을 알고 있는 경우 이 식에 따라 최소 표본의 크기를 구할 수가 있다. 그러나 모분산을 모르고 예비조사의 결과 표본의 분산(s^2)을 추정해야

하는 경우에는 자유도의 영향을 받으므로 정규분포가 아니라 $t-$분포에서의 확률을 토대로 할 수밖에 없다. 따라서 적정 표본 크기는 〈식 7.5〉에서 z 대신에 t를 대치하여

〈식 7.11〉 $n=\frac{t^2_{\alpha/2,\ \nu}\times s^2}{e^2}$ 으로 산출하게 된다.

> **[예제 7.7]** 〈예제 7.4〉에서 표본의 크기를 검정력을 기준으로 하지 않고 오차한계(誤差限界, 精度)를 기준으로 1) 유의수준을 5%, 2) 유의수준 10%로 하는 검정에서 표본의 적정 크기를 구하도록 하자.

● 풀이 ●

모평균은 0.89mg/l, 표준편차는 0.29mg/l이고 분산은 동일하다고 가정한다. 오차한계를 0.05로 하고자 한다면 표본의 크기는

1) 유의 수준을 5%로 할 때, $n=\frac{1.96^2\times 0.29^2}{0.05^2}=129.23$으로 최소 표본수는 130개다.

2) 유의수준을 10%로 할 때, $n=\frac{1.645^2\times 0.29^2}{0.05^2}=91.04$으로 최소 표본수는 92개다.

1.6.2.2. 비율 검정을 위한 표본 크기

비율의 신뢰구간 (6.5.2)에서 $e=z_{\alpha/2}\times\frac{\sqrt{p_1q_1}}{\sqrt{n}}$ 이므로 유의수준을 α로 할 때 최소 표본 크기는 $n=\frac{z^2_{\alpha/2}\times p_1q_1}{e^2}$ (〈식 7.10〉)이다.

> **[예제 7.8]** 〈예제 7.6〉에서 p_1의 오차를 0.05 이하로 하기 위해서 필요한 표본의 크기는 얼마인가?

● 풀이 ●

$e=0.05$, $z_{\alpha/2}=1.96$, $p_1=0.6$, $q_1=0.4$이므로

$n=\frac{1.96^2\times0.24}{0.05^2}=368.79$, 즉 369명의 응답자가 필요하다.

2. 가설 검정 : 모평균의 검정

신생아의 체중이 임신 중 산모의 영양상태와 관계가 있는지를 조사하기 위하여 영양상태가 양호한 산모 100명으로부터 출생한 신생아의 체중을 측정한 결과 평균 체중이 3.4 kg이었다. 지금까지 알려진 바에 따르면 신생아의 체중은 평균 3.3 kg, 분산 0.46 kg인 정규분포를 한다고 한다. 이를 토대로 산모의 영양상태가 양호한 경우 신생아의 체중은 더 무거워진다고 할 수 있는지를 알고자 한다고 하자. 이 경우 우리의 관심은 100명의 신생아 체중 평균이 전체 신생아의 체중 즉 모집단의 체중보다 무거운지 여부이다. 따라서 귀무가설과 대립가설은 각각 H_0 : $\mu=3.3kg$, H_1 : $\mu>3.3kg$ 이다.

이와 같이 **미지(未知)의 모집단에서 추출된 표본을 통해서 그 모집단의 평균(모평균)이 기준 모집단의 평균과 동일하다고 할 수 있는지를 검정하는 과정을 "모평균의 검정"이라고 한다.** 모평균의 검정은 표준정규분포 또는 t - 분포를 토대로 표본의 추정치(표본 평균)가 기준모집단에서 나타날 수 있는 확률을 기반으로 한다. 표본의 추정치가 나타날 수 있는 확률이 기준 유의수준(제1형 오류 허용 수준(α))보다 크면, 즉 채택역(採擇域 : acceptance region)에 있으면, 귀무가설을 채택하고 기각역(棄却域 : rejection region)에 있으면 귀무가설을 기각한다. **엄격한 의미에서 귀무가설을 채택한다는 것은 귀무가설을 기각할 수 있는 근거가 부족하다는 것을 의미한다.** 일반적으로 유의수준(α) 5%, 1%, 0.1%가 통용되며 각 수준에서 귀무가설을 기각할 때 유의하다, 현저히 유의하다 또는 고도로 유의하다는 말을 쓴다. 대립가설에 따라 단측

검정과 양측 검정을 수행하게 되므로 동일한 유의수준에서도 채택역과 기각역이 다르다는 사실은 앞장에서 설명한 바와 같다.

2.1. 대표본을 통한 모평균의 검정

표본의 크기가 충분히 커서 표본의 크기와 자유도의 비가 1에 충분히 근접하게 되면 모분산(σ^2)과 표본분산(s^2)이 유사하게 되므로 확률분포도 정규분포에 근접하게 된다. 따라서 표본의 크기가 충분히 큰 대표본의 경우 모평균의 검정을 위해서 정규분포 확률을 적용해도 큰 무리가 없다. 그러나 엄격한 검정의 수행이 요구될 경우 뒤에 설명할 $t-$분포에 따른 확률을 적용하는 것이 바람직하다.

대표본을 통한 모평균의 검정과정은 다음과 같다.

1) 표본의 평균과 분산을 구한다. 모분산(σ^2)이 알려져 있을 경우에는 모분산을 사용하지만 모분산을 모를 경우에는 표본의 분산으로 모분산을 대치한다.
2) 귀무가설(H_0)과 대립가설(H_1)을 설정하고, 유의수준(α)을 결정한다.
3) 검정통계량 z 값을 산출한다.

$$z = \frac{\bar{x} - \mu}{\sigma/\sqrt{n}}$$

4) 귀무가설이 옳을 경우 확률〔$P(Z > z)$〕을 구한다.
5) 확률이 유의수준보다 크면 귀무가설을 채택하고 반대이면 대립가설을 채택한다.

[예제 7.9] 정상적인 신생아의 체중은 평균이 3.3kg, 표준편차가 0.68kg 인 정규분포를 한다고 한다. 어느 지역 병원에서 출생한 신생아 100명의 체중을 조사하였더니 평균이 3.4kg이었다. 이 지역 신생아의 체중은 정상아의 체중보다 무겁다고 할 수 있는가? 단 유의수준은 5%로 한다.

1) H_0 : $\mu = 3.3\,kg$, H_1 : $\mu > 3.3\,kg$ (단측검정)

2) 검정통계량 $z = \dfrac{3.4 - 3.3}{0.68/\sqrt{(100)}} = 1.47$

3) $P(Z > 1.645) = 0.05$ 이므로 $P(Z > 1.47) > 0.05$이다.

4) 귀무가설을 기각하지 못한다. 그 지역의 신생아 체중은 정상아의 체중보다 무겁다고 할 수 없다.

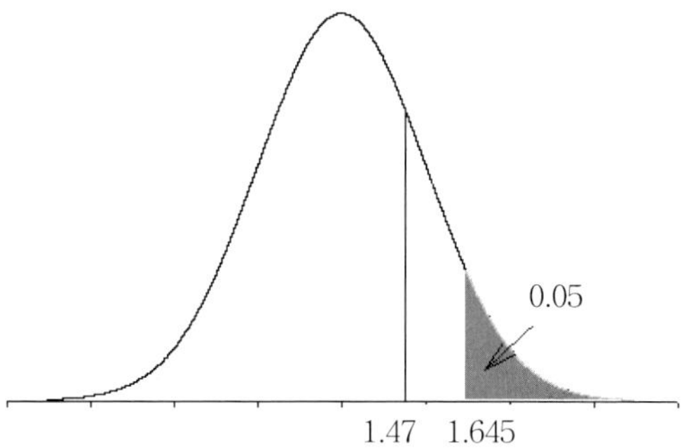

[예제 7.10] 쌀, 밀, 건조채소(乾燥菜蔬) 등을 가해하는 화랑곡나방 암컷의 산란 수(産卵數)는 평균 160.7개, 표준편차 56.1개인 정규분포를 한다고 한다. 서울 소재 가정의 부엌 쌀통에서 채집하여 사육한 제1세대 화랑곡나방 암컷 64마리의 산란 수는 평균 145.4개이었다. 이 화랑곡나방 계통의 산란 수는 알려진 바 화랑곡나방의 산란 수와 차이가 있다고 할 수 있는가? 유의수준은 5%로 한다.

● 풀이 ●

1) H_0 : $\mu = 160.7$, H_1 : $\mu \neq 160.7$ (양측검정)

2) 검정통계량 $z = \dfrac{145.4 - 160.7}{56.1/\sqrt{64}} = -2.18$

3) $P(Z > |1.96|) = 0.05$ 이므로 $P(Z > 2.18) < 0.05$ 이다.

4) 귀무가설을 기각하고 대립가설을 채택한다. 이 채집된 화랑곡나방 계통의 산란 수는 일반 계통보다 적다고 결론을 내릴 수 있다.

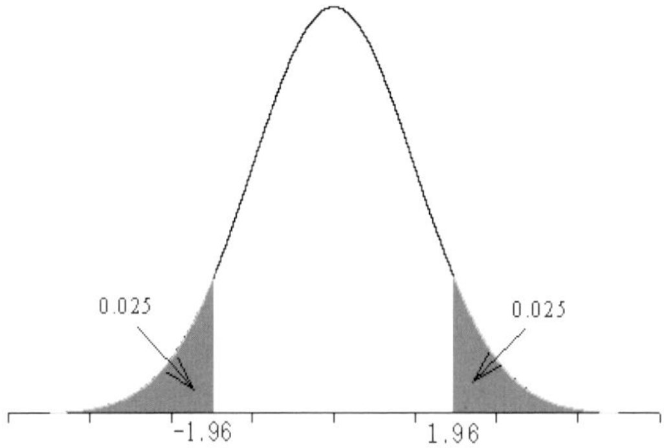

2.2. 소표본을 통한 모평균의 검정

생물적 현상에 대한 연구는 동질성이 보장되고 물리화학적 환경의 조정이 잘 이루어지고 있는 조건에서보다는 조정이 어려운 상황에서의 연구가 많으며 따라서 임의 표본을 추출하거나 표본의 크기를 원하는 만큼 크게 하기가 어려운 것이 보통이다. 특정 인자와 사람의 질병 유발과의 관계, 신약의 임상실험, 유전인자의 발현에 대한 연구 등은 그 대표적인 예이다. 연구 시설의 부족 또는 피실험 개체의 제한 또는 수집 사례의 제한 또는 연구 경비의 제한 등이 따르기 때문이다. 많은 경우, 가설 검정은 소표본을 토대로 수행될 수 밖에 없다. 따라서 모평균에 대한 가설 검정은 정규분포가 아니라 소표본 분포인 $t-$분포에 기반을 두고 이루어진다. 특히 표본의 크기가 30 이하인 경우에는 $t-$분포에 따라 검정해야 한다.

그러나 검정이 $t-$분포에 토대를 둔다는 것, 그리고 검정통계량이 t라는 것 외에는 대표본에 토대를 둔 검정 과정과 본질적으로 동일하다.

검정 과정은 다음과 같다.

1) 표본의 평균과 분산을 구한다.

2) 귀무가설과 대립가설을 설정하고, 유의수준을 결정한다.

3) 검정통계량 t 값을 산출한다.

$$t=\frac{\bar{x}-\mu}{s/\sqrt{n}}$$

4) 귀무가설이 옳을 경우 확률, $P(T>t)$를 구한다.

5) 확률이 유의수준보다 크면 귀무가설을 채택하고 반대이면 대립가설을 채택한다.

[예제 7.11] 어느 담배회사에서 제조하는 궐련의 개비당 타르 함량이 12mg으로 기재되어 있다. 이 회사 품질관리팀에서 5개비를 임의로 선택하여 타르 함량을 조사한 결과 각각 15, 11, 13, 12, 15mg이었다. 이 궐련의 타르 함량 기재는 바르다고 할 수 있는가? 유의수준 5%에서 검정하라. 단 개비당 타르 함량은 정규분포를 한다고 한다.

● 풀이 ●

1) H_0 : $\mu=12mg$ H_1 : $\mu\neq 12mg$ (양측 검정)

2) $\bar{x}=13.2$, $s=1.79$

3) 검정통계량 $t=\frac{13.2-12}{1.79/\sqrt{5}}=1.50$

4) $P(t_{0.05/2,4}>|2.776|)=0.05$ 이므로 $P(t>1.50)>0.05$ 이다.

5) 귀무가설을 기각할 수 없다(귀무가설을 채택한다.)

6) 개피당 타르 함량은 12 mg이라고 할 수 있다.

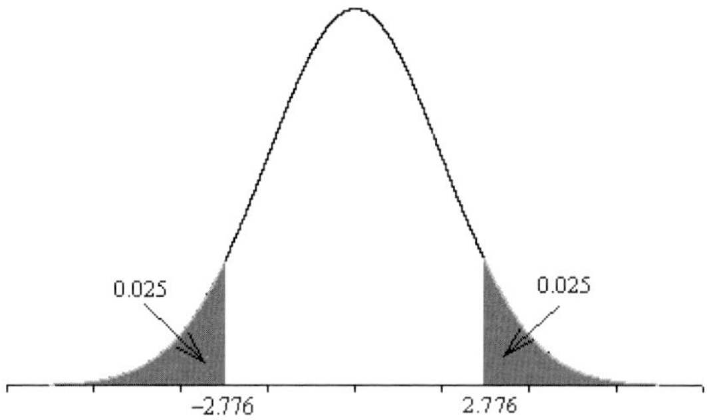

2.3. 모비율의 검정

비율은 이항분포에 따르는 확률변수이므로 이항분포에 따라 확률을 산출하고 유의수준과 비교함으로써 가설을 검정하는 것이 당연하다. 그러나 질병 감염률, 종자 발아율, 돌연변이율, 성비, 특정 유전자 선발률 등 현상에 대한 추정과 검정의 신뢰도를 높이기 위해서는 필연적으로 표본의 크기가 일정 이상 커야 하며 따라서 이항분포에 의한 정확한 확률계산이 어려운 경우가 많다. 그러므로 표본의 크기가 큰 표본을 토대로 모비율을 추정하거나 검정하는 경우 이항분포의 정규근사화과정을 거쳐 정규분포에 의거한 확률을 기준으로 한다. 단 이항분포에서 산출되는 확률과 정규근사화에 따른 확률은 이항분포의 평균(np)과 분산(npq)이 5이상인 경우에 유사하게 되므로 평균과 분산이 5 미만인 경우에는 이항분포에 따른 가설검정을 수행하는 것이 옳다.

모비율의 검정 과정은 다음과 같다.

1) 크기가 n 인 표본에서의 비율과 분산(추정치)을 구한다.

$$p_1 = \frac{x}{n}, \quad V(p) = [p(1-p)]/n, \text{ 또는 } V(p) = [p_1(1-p_1)]/n$$

2) 귀무가설과 대립가설을 설정하고, 유의수준을 결정한다.

3) 검정통계량 z 값을 다음식에 따라 산출한다.

$$z = \frac{p_1 - p}{\sqrt{(p(1-p)/n)}}$$

4) 귀무가설이 옳을 경우 확률, $P(Z > z)$를 구한다.

5) 확률이 유의수준보다 크면 귀무가설을 채택하고 반대이면 대립가설을 채택한다.

[예제 7.12] 우리나라에서 2001년에 사망한 사망자 중 암으로 인한 사망률은 0.12%라고 한다. 어느 특정 지역의 사망자 1,000명 중 암으로 인한 사망자가 3명이라고 한다면 이 지역에서 암으로 인한 사망률은 우리나라에서의 일반 사망률보다 높다고 할 수 있는가? 유의수준 5%에서 검정하라.

● 풀이 ●

1) $n = 1000$, $p = 0.0012$, $p_1 = 0.003$,

$V(p) = (0.0012 \times 0.9988)/1000 = 0.0011^2$

2) $H_0 : p = 0.0012 \quad H_1 : p > 0.0012$ (단측검정)

3) 검정통계량 $z = \frac{0.003 - 0.0012}{0.0011} = 1.636$

4) $P(Z > 1.645) = 0.05$ 이므로 $P(z > 1.636) > 0.05$이다.

5) 귀무가설을 기각할 수 없다(귀무가설을 채택한다).

6) 이 지역에서의 암으로 인한 사망률이 더 높다고 할 수 없다.

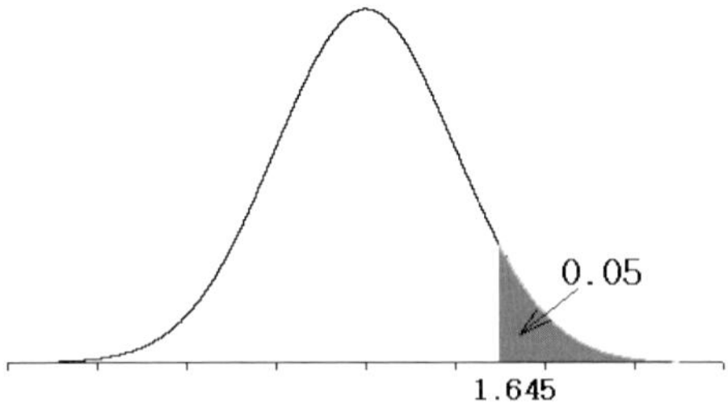

제8장 가설 검정: 표본 평균 간의 비교

생물학적 현상에 대한 대부분의 가설은 기준 모집단과의 비교를 토대로 검정되기가 어렵다. 어떤 생물적 현상을 설명하기 위해서는 그 현상에 관여하는 인자와 그의 역할을 알아야 하며 이를 위해서는 그 인자의 존재를 밝히고 인자의 수준을 조절하여 그 결과 현상을 비교하여야 한다. 콩과 식물과 질소고정세균 간의 공생을 증명하기 위해서는 질소고정세균을 처리한 콩과 질소고정세균을 처리하지 않은 콩을 질소고정세균이 없는 동질의 토양 또는 매체에서 동일한 방법으로 재배하여 식물체의 특성이나 수확량을 비교하여야 한다는 것이다. 이러한 인자가 부가된 실험의 결과와 비교할 수 있는 기준모집단이 존재한다면 제7장에서 설명한 가설 검정과정에 따라 검정하는 것으로 충분하다.

그러나 생물학적 현상과 그에 관여하는 인자들의 영향은 개체에 따라서, 종에 따라서, 또는 주어진 물리적, 화학적, 생물적 환경에 따라서 다양하게 나타나기 때문에 특정 인자의 영향을 비교할 수 있는 기준모집단을 설정하는 것이 현실적으로 불가능하다.

생물적 현상에 대한 가설을 검정하기 위한 실험은 언제나 가능한 한 동일한 환경을 만들고 가설에 관련되는 특정 인자를 부가하여 비교하는 과정을 거치게 된다. 비교 대상 모집단들의 모수는 알려져 있지 않고 표본을 통하여 추정될 수 있을 뿐이며, 따라서 가설의 검정은 관련인자가 조정된 실험의 결과로 추정된 추정치를 토대로 할 수밖에 없다. 모수를 알고 있는 기준모집단과의 비교가 아니라 표본을 통하여 추정된 추정치 간의 비교를 통하여 가설을 검정하게 된다는 것이다. 다음 사례를 가지고 이를 생각하도록 하자.

〉〉〉 사례 8.1

"어떤 알칼로이드 유도체가 응급상황에서 인체의 반응력을 떨어뜨린다"는 가설을 검정하고자 한다. 이를 위해 그 알칼로이드 유도체가 처방된 사람들과 알칼로이드와 관계없는 가짜화합물이 처방된 사람들이 응급상황에서의 보이는 반응시간의 차이를 비교하고자 한다. 가설이 옳다면 알칼로이드 유도체가 처방된 사람의 응급상황 반응시간은 그렇지 않은 사람에 비해 늦어질 것이기 때문이다. 이 경우 우리는 알칼로이드가 처방되지 않은 사람들로 구성된 모집단의 반응시간과 그의 표준편차를 알 수가 없다. 알칼로이드 처방에 따른 반응시간을 비교할 수 있는 기준모집단이 없다는 말이다. 따라서 두 실험집단(표본)에서 각각 평균과 분산을 추정하고 이 추정치를 비교할 수밖에 없다는 것이다.

비교는 비교대상인 특성치의 차이를 기준으로 판단하는 과정이다. 다시 말해서 두 비교 대상 특성치의 뺄셈의 과정(A－B)으로 그 값이 0보다 크면 두 특성치 간에 차이가 있다고 판단하는 것이다. 두 모집단의 특성치가 차이가 있다면 각각의 모집단에서 추출한 표본의 통계량(표본 평균 등)도 차이가 있다고 추정될 것이다. 이 장에서는 가설에 관련된 인자의 수준을 조정한 표본들을 토대로 평균 간의 차이를 검정함으로써 비교 대상 모집단의 모평균들이 서로 차이가 있는지의 여부를 판단하고 이를 근거로 관련 인자의 영향을 설명하는 과정을 설명하고자 한다.

1. 표본 평균 간의 차이 검정 : 독립적 표본

두 표본 평균이 차이가 있는지의 여부는 한 표본 평균에서 다른 표본 평균을 뺀 값이 0인지의 여부로 판단할 수 있다는 것은 위에서 설명한 바와 같다. 그러나 표본을 추출해서 평균의 차를 추정하는 과정에서 평균의 차가 일정한 값을 가진 상수가 되지 않는다는 것이 문제이다. 표본 평균이 표본평균의 분포를 보이는 확률변수인 것처럼 평균 간 차도 역시 평균 간 차를 확률변수로 하는 분포를 보이기 때문이다. 따라서 표본 평균의 차가 0인지의 여부를 판단하는 것은 평균 간 차를 확률변수로 하는 분포에서 그 평균이 0인지의 여부를 판단함으로써 가능해진다. 그러므로 우선 표본 평균 간 차를 변수로 하는 분포를 알아보고 이에 토대를 둔 검정에 대해 설명하기로 한다.

1.1. 두 표본 평균 간 차이의 분포

두 확률변수 X_1과 X_2의 차, $X_1 - X_2$를 확률변수로 하는 확률분포의 평균은 $\mu_1 - \mu_2$이고 분산은 $\sigma_1^2 + \sigma_2^2$이다(〈식 8. 1〉, 〈식 8. 2〉).

〈식 8. 1〉 $E(X_1 - X_2) = E(X_1) - E(X_2) = \mu_1 - \mu_2$

$V(X_1 - X_2) = V(X_1) + V(X_2) - 2Cov(X_1, X_2)$, 그런데 X_1과 X_2가 서로 독립적이므로 $Cov(X_1, X_2) = 0$이다. 따라서

〈식 8. 2〉 $V(X_1 - X_2) = V(X_1) + V(X_2) = \sigma_1^2 + \sigma_2^2$

따라서 평균 간 차의 분포의 평균, 분산, 표준오차는 각각 〈식 8. 3〉, 〈식 8. 4〉, 〈식 8. 5〉와 같다.

〈식 8. 3〉 $E(\overline{X_1} - \overline{X}_2) = E(\overline{X}_1) - E(\overline{X}_2) = \mu_1 - \mu_2$

〈식 8. 4〉 $\sigma^2_{\overline{X_1} - \overline{X_2}} = V(\overline{X_1} - \overline{X}_2) = V(\overline{X}_1) + V(\overline{X}_2) = \sigma_1^2/n_1 + \sigma_2^2/n_2$

〈식 8. 5〉 $\sigma_{\overline{X}_1 - \overline{X}_2} = \sqrt{\sigma_1^2/n_1 + \sigma_2^2/n_2}$

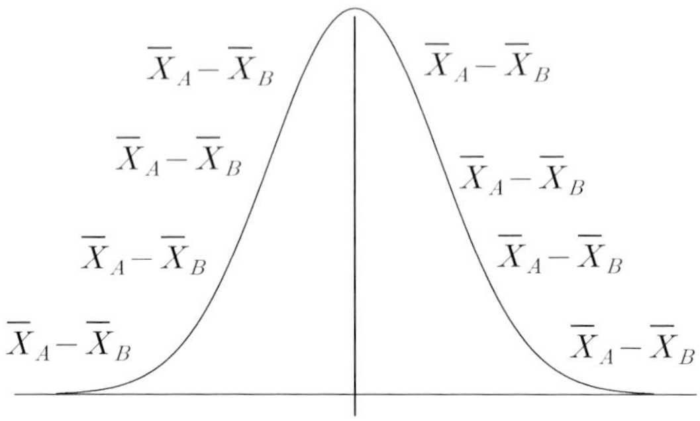

〈그림 8-1〉 표본 평균 간 차의 분포

〈표 8-1〉은 〈표 6-3〉에서와 같이 1, 2, 3, 4, 5인 동일 모집단에서 크기 2인 표본을 전부 취하는 과정을 두 번 반복한 후 전 표본 평균과 후 표본 평균 간의 차의 평균과 분산을 산출한 것이다. 표본 평균 간 차의 평균이 0, 분산이 2인 분포를 보여주고 있다. 〈표 8-2〉는 모집단의 평균과 분산, 이 모집단에서 추출된 크기 2인 표본의 평균과 분산, 그리고 이 모집단에서 추출한 표본 평균 간 차의 평균과 분산이다. 동일한 모집단에서 추출된 두 표본이므로 표본 평균 간 차의 평균은 당연히 0이다. 〈식 8. 3〉, 〈식 8. 4〉, 〈식 8. 5〉가 성립되는 것을 알 수 있다.

〈표 8-1〉 1, 2, 3, 4, 5인 동일한 모집단에서 크기 2인 표본을 복원하면서 2회 반복해서 추출하였을 때 전, 후 표본 평균 간 차(A)의 평균(μ_A)과 분산(σ_A^2)

A	$P(A)$ (빈도)	$A \times P(A)$	$(A-\mu_A)^2$	$(A-\mu_A)^2 \times P(A)$
−4.0	0.0016 (1)	−0.0064	16.00	0.0256
−3.5	0.0064 (4)	−0.0224	12.25	0.0784
−3.0	0.0160 (10)	−0.0480	9.00	0.1440

A	$P(A)$ (빈도)	$A \times P(A)$	$(A-\mu_A)^2$	$(A-\mu_A)^2 \times P(A)$
−2.5	0.0320 (20)	−0.0800	6.25	0.2000
−2.0	0.0560 (35)	−0.1120	4.00	0.2240
−1.5	0.0832 (52)	−0.1248	2.25	0.1872
−1.0	0.1088 (68)	−0.1088	1.00	0.1088
−0.5	0.1280 (80)	−0.0640	0.25	0.0320
0.0	0.1360 (85)	0.0000	0.00	0.0000
0.5	0.1280 (80)	0.0640	0.25	0.0320
1.0	0.1088 (68)	0.1088	1.00	0.1088
1.5	0.0832 (52)	0.1248	2.25	0.1872
2.0	0.0560 (35)	0.1120	4.00	0.2240
2.5	0.0320 (20)	0.0800	6.25	0.2000
3.0	0.0160 (10)	0.0480	9.00	0.1440
3.5	0.0064 (4)	0.0224	12.25	0.0784
4.0	0.0016 (1)	0.0064	16.00	0.0256
합	1.0000 (625)	0.0000 (평균)		2 (분산)

〈표 8-2〉 1, 2, 3, 4, 5인 모집단의 평균과 분산, 표본 크기 2인 표본의 평균과 분산, 표본 평균 간 차의 평균과 분산

	평균	분산
모집단	$\mu=3$	$\sigma^2=2$
크기 2인 표본	$\mu_{\overline{X}}=3$	$\sigma^2_{\overline{X}}=\sigma^2/2=1.0$
표본 평균 간 차	$\mu_{\overline{X_1}-\overline{X_2}}=0$	$\sigma^2_{\overline{X_1}-\overline{X_2}}=\sigma_1^2/2+\sigma_2^2/2=2.0$

1.2. 두 모집단 분산의 동일성과 동일성 검정

두 표본 평균의 비교를 토대로 두 모집단의 평균이 동일하다는 가설을 검정하기 위해서는 표본이 추출된 두 모집단이 동일한 분산을 한다는 전제를 충족시킬 때 가능하다. 두 모집단의 분산이 서로 다르다면 기준 모집단의 분산에 따라 검

정력에 차이가 있고 검정의 신뢰도가 낮아지기 때문이다. 그러므로 두 표본의 모집단 분산이 서로 다른 것으로 판명되는 경우에는 검정과정에서 보정(補整)이 요구된다.

따라서 표본 평균의 차이를 검정하기 위해서는 우선 두 표본이 추출된 모집단의 분산이 동일하다고 할 수 있는지를 알아야 할 필요가 있다. 대부분의 경우 비교하고자 하는 모집단의 분산은 알려져 있지 않으므로 표본을 통해 추정되어야 하고 동일성 여부를 판단해야 한다. 그런데 동일한 모집단에서 추출된 표본이라 하더라도 표본에 따라, 표본의 크기에 따라 분산은 변이를 보이므로 표본 분산 자체가 변수가 되고 따라서 분산의 추정치만을 가지고 두 모집단의 분산이 차이가 있는지를 알 수 없다. 두 모집단의 분산 동일성 여부를 표본 분산을 확률변수로 하는 분산의 분포에서 검정할 수밖에 없다는 것이다.

분산의 동일성을 검정하는 과정은 다음과 같다.

비교하고자 하는 모집단의 분산이 동일하다면 $\sigma_1^2 - \sigma_2^2 = 0$ 또는 $\frac{\sigma_1^2}{\sigma_2^2} = 1$인 관계가 성립한다. 그런데 이들 모분산, σ_1^2와 σ_2^2는 이들 모집단으로부터 표본의 분산 s_1^2과 s_2^2로 추정되므로 $s_1^2 - s_2^2$ 또는 $\frac{s_1^2}{s_2^2}$ 역시 추정치이며 표본에 따라 변이를 보이는 변수가 된다. 따라서 분산의 동일성 검정은 귀무가설 $\sigma_1^2 - \sigma_2^2 = 0$ 또는 $\frac{\sigma_1^2}{\sigma_2^2} = 1$을 검정하는 과정과 같다.

그런데 확률 변수 F를 설정하고 $F = \frac{s_1^2}{s_2^2}$로 정의하면 변수 F는 분자의 자유도 $n_1 - 1$과 분모의 자유도 $n_2 - 1$을 가지는 $F-$분포를 한다는 것이 알려져 있으므로(〈그림 8-2〉), $F-$분포로부터 귀무가설 $\frac{\sigma_1^2}{\sigma_2^2} = 1$이 옳을 때 나타나는 확률, $P\left(F = \frac{s_1^2}{s_2^2}\right)$을 구하고 유의수준과 비교함으로써 분산의 동일성을 판단할 수 있다. $F-$분포에서의 확률은 부록 Ⅳ에 제시하였다.

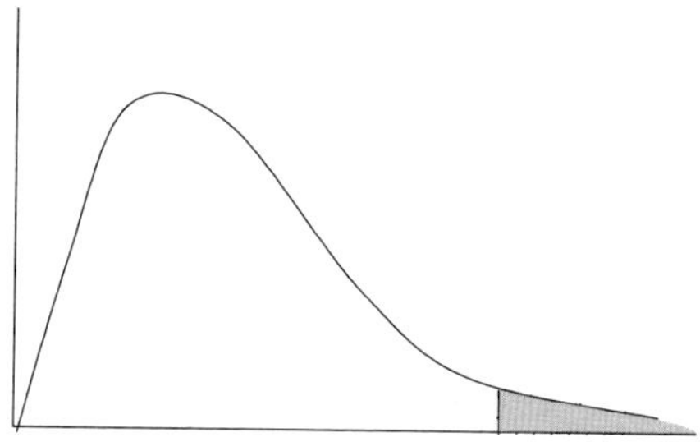

$F_a(v_1, v_2)$

〈그림 8-2〉 F-분포

[예제 8.1] "가족 중 첫째 아이가 둘째 아이보다 지능지수가 높다"고 보고된 사례가 많다고 한다. 이를 확인하기 위하여 첫째 아이 50명과 둘째 또는 셋째 아이 65명을 대상으로 지능지수를 조사하였다. 〈표 8-3〉은 그 결과 가상치(假想値)이다.
표에서 보면 첫째 아동 지능지수의 분산이 둘째 이하 아동의 분산과 차이가 있다. 그렇다면 이 두 모집단의 분산은 같다고 할 수 있는가? 유의수준은 5%로 한다.

〈표 8-3〉 첫째 아이와 둘째 이후 아이의 지능지수 조사 결과(가상치)

구분	표본크기(n)	평균($\overline{X}$)	분산(s^2)
첫째 아동	50	112	49
둘째 이하 아동	65	110	64

● 풀이 ●

1) 귀무가설 : "두 모집단의 분산이 같다." (H_0 : $\sigma_1^2 = \sigma_2^2$)
대립가설 : "두 모집단의 분산이 같지 않다." (H_1 : $\sigma_1^2 \neq \sigma_2^2$)

2) 검정 통계량 $F = \frac{64}{49} = 1.31$, 자유도는 64와 49

3) $P(F_{64,49} \geq 1.573) = 0.05$이므로 $P(F_{64,49} > 1.31) > 0.05$

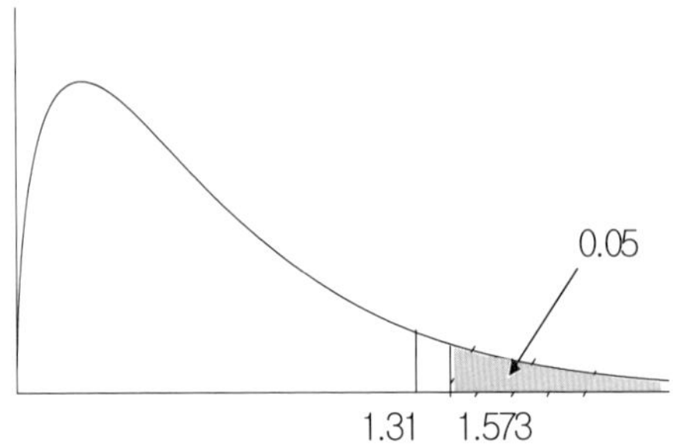

4) 귀무가설을 기각할 수 없으므로 두 모집단의 분산은 같다고 판단한다.

1.3. 표본 평균 간 차이 검정에서의 귀무가설과 대립가설

표본 평균 간 차이의 검정은 "두 모집단의 모평균 간 차이가 없다"는 귀무가설($H_0 : \mu_1 - \mu_2 = 0$) 을 검정하는 것과 같다. 이에 대한 대립가설은 "두 모평균은 차이가 있다"(양측 검정 : $H_I : \mu_1 - \mu_2 != 0$), 또는 "한 모집단의 모평균이 다른 모집단의 모평균보다 크다/작다"(단측 검정 : $H_I : \mu_1 - \mu_2 > 0$, 또는 $\mu_1 - \mu_2 < 0$) 이다.

1.4. 대표본을 토대로 한 표본 평균 간 검정

비교하고자 하는 두 표본의 크기가 커서 $n_1 \fallingdotseq n_1 - 1$이고 $n_2 \fallingdotseq n_2 - 1$이 될 때 이 표본의 분산은 각각 σ_1^2와 σ_2^2의 근사치가 되므로 정규분포에 토대를 둔 검정을 할 수 있다. 그 과정은 다음과 같다.

1) 각 표본의 평균과 분산을 구한다.
2) 귀무가설과 대립가설을 설정하고, 유의수준을 결정한다.
3) 검정통계량 z 값을 다음 식에 따라 산출한다.

〈식 8.6〉 $z=\frac{(\overline{x_1}-\overline{x_2})-(\mu_1-\mu_2)}{\sigma_{\overline{x_1}-\overline{x_2}}}=\frac{(\overline{x_1}-\overline{x_2})}{\sqrt{\sigma_1^2/n_1+\sigma_2^2/n_2}}$

4) 귀무가설이 옳을 경우의 확률, $P(Z>z)$를 구한다.

5) 확률이 유의수준보다 크면 귀무가설을 채택하고 반대이면 대립가설을 채택한다.

[예제 8.2] 〔예제 8.1〕의 자료를 가지고 "가족 중 첫째 아이가 둘째 아이보다 지능지수가 높다"는 가설을 검정하라.

● **풀이** ●

1) 귀무가설 : "출생순위 간 지능지수에서 차이가 없다." (H_0 : $\mu_1-\mu_2=0$)
   대립가설 : "첫째아동이 둘째 이하 아동보다 지능지수가 높다."
   (H_1 : $\mu_1-\mu_2>0$)

2) 표본의 크기가 커서 대표본으로 생각할 수 있으므로 검정통계량은 Z로 한다.

$$z=\frac{(112-110)}{\sqrt{\frac{49}{50}+\frac{64}{65}}}=1.43$$

3) $P(Z>1.645)=0.05$이므로 $P(Z>1.43)>0.05$이다.

4) 귀무가설을 기각할 수 없다. 첫째 아동과 그 이하의 아동 간에 지능 지수에서 차이가 있다고 할 수 없다고 판단한다.

1.5 소표본을 토대로 한 표본 평균 간 검정

비교하고자 하는 표본의 크기가 작은 **소표본들인 경우 표본은 정규분포가 아닌 *t*–분포를 하므로 *t*–분포의 확률에 토대를 둔 검정을 하여야 한다.** 그런데 표본의 크기가 작은 경우 표본의 분산이 변수이므로 동일한 모집단에서 추출된 표본이라 하더라도 분산의 추정치가 다르게 된다. 표본 평균 간 검정은 앞에서 설명한 대로 동일한 분산을 한다는 가정 하에서 이루어지는 것이므로 (1.2), 두 표본분산을 토대로 동일한 것으로 가정되는 모집단의 분산을 다시 추정해야 한다. 이를 표본의 통합분산(s_p^2)이라 하고 두 표본 분산의 가중평균치로 정의된다(〈식 8.7〉).

〈식 8.7〉 $$s_p^2 = \frac{(n_1-1)s_1^2 + (n_2-1)s_2^2}{n_1+n_2-2} = \frac{\sum(x_{1i}-\overline{x_1})^2 + \sum(x_{2i}-\overline{x_2})^2}{n_1+n_2-2}$$

〈식 8.7〉에서부터 두 소표본 평균 간 차의 분포는 자유도가 n_1+n_2-2 인 t-분포를 한다는 사실을 유추할 수 있다. 즉, 두 표본 평균 간의 차 $(\overline{x_1}-\overline{x_2})$를 확률변수로 하는 분포는 평균이 $\mu_1-\mu_2$, 분산이 $s_p^2(\frac{1}{n_1}+\frac{1}{n_2})$, 자유도가 n_1+n_2-2 인 t-분포를 한다는 것이다. 그러므로 소표본 평균 간 차의 검정과정은 다음과 같다.

1) 각 표본의 평균과 분산을 구한다.
2) 귀무가설과 대립가설을 설정하고, 유의수준(α)을 결정한다.
3) 검정통계량 t 값을 〈식 8.9〉에 따라 산출한다.

〈식 8.9〉 $$t = \frac{(\overline{x_1}-\overline{x_2})-(\mu_1-\mu_2)}{s_p\sqrt{1/n_1+1/n_2}} = \frac{(\overline{x_1}-\overline{x_2})}{s_p\sqrt{1/n_1+1/n_2}}$$

4) 귀무가설이 옳을 경우, 자유도 $(n_1-1)+(n_2-1)=n_1+n_2-2$인 t-분포에서부터 확률, $P(T>t_{n_1+n_2-2})$을 구한다.
5) 확률이 유의수준보다 크면 귀무가설을 채택하고 반대이면 대립가설을 채택한다.

[예제 8.3] 낙동강 상류 두 하천에서 비슷한 환경을 가진 두 지점을 선택하고 각 지점에서 각각 5회 BOD를 측정한 결과를 〈표 8-3〉에 보였다. 두 하천의 BOD는 차이가 있다고 할 수 있는가? 유의수준 5%에서 검정하라.

〈표 8-4〉 비슷한 환경을 가진 낙동강 상류 두 하천 갑천과 을천의 각 1개 지점에서의 BOD 측정치

(ppm)

	1	2	3	4	5	평균	표준편차
갑	1.5	1.3	1.3	1.1	1.2	1.28	0.148
을	1.0	1.0	1.1	0.8	0.8	0.94	0.134

● 풀이 ●

표본의 통합분산을 구하면

$$SS_{갑} = \sum(x_{갑i} - \overline{x_{갑}})^2 = \sum x_{갑i}^2 - \frac{(\sum x_{갑i})^2}{n} = 8.28 - \frac{6.4^2}{5} = 0.088$$

$$SS_{을} = \sum(x_{을i} - \overline{x_{을}})^2 = \sum x_{을i}^2 - \frac{(\sum x_{을i})^2}{n} = 4.49 - \frac{4.7^2}{5} = 0.072$$

$$s_p^2 = \frac{0.088 + 0.072}{8} = \frac{0.16}{8} = 0.02$$

$$s_p = \sqrt{0.02} = 0.141$$

1) 귀무가설 : "갑천과 을천의 측정지점에서의 BOD는 차이가 없다."

$(\mu_{갑} = \mu_{을})$

대립가설 : "갑천과 을천의 측정지점에서의 BOD는 차이가 있다."

$(\mu_{갑} \neq \mu_{을})$

(양측 검정)

2) 검정통계량

$$t = \frac{1.28 - 0.94}{0.141\sqrt{\frac{1}{5} + \frac{1}{5}}} = 3.81$$
, 자유도는 $n_{갑} + n_{을} - 2 = 8$

3) $P(t_8 > 2.306) = 0.05$이므로 $P(t_8 > 3.81) < 0.05$이다.

4) 귀무가설을 기각하고 대립가설을 채택한다.

갑천과 을천의 측정지점에서의 BOD는 차이가 있다고 판단한다.

2. 표본 평균 간의 차이 검정 : 대응 비교

두 정규분포를 하는 모집단에서부터 각각 표본 크기 n인 표본을 추출하고 이 두 표본 평균의 차이를 검정함으로써 두 모집단의 평균 간 차이를 검정하는 것은 두 표본이 서로 독립적으로 추출된 표본이라는 전제가 충족될 때 가능하다. 이것은 두 표본 평균 간 차인 $\overline{x_1} - \overline{x_2}$ 가 임의변수라는 것이다.

두 표본 평균 간 차가 임의변수가 되기 위해서는 두 표본의 각 요소가 주어진 (환경) 인자 외에는 동일한 조건에 있는 두 모집단으로부터 독립적으로 추출되어야 한다. 따라서 두 표본의 각 요소는 서로 상관이 없다.

그러나 두 표본이 독립적으로 추출될 수 없는 경우가 많이 알려져 있다. 다음 사례들은 두 표본을 구성하는 특정 요소들 간에 서로 관련을 가지고 있어 독립적인 표본이 되지 못하는 경우들 중 몇 예이다.

〉〉〉 사례 8.2

경구 피임제의 복용이 혈압을 상승시킨다는 주장이 제기되어 이의 사실성을 검토하고자 한다. 100명의 자원자를 임의로 50명씩 두 그룹으로 나누어 한 그룹에는 피임제를, 다른 그룹에는 피임제가 아닌 위약(僞藥 : placebo) 을 일정 기간 복용시킨 후 혈압을 측정하여 비교한다고 하자. 이 두 표본은 서로 독립적이 되지 못한다. 경구피임약에 대한 감수성은 사람에 따라 다르며 경구피임제의 영향이 이 감수성의 차이에 의해 간섭(干涉) 을 받기 때문이다. 이로 인해 피임제 복용군과 위약 복용군 간의 혈압 차이가 경구피임약에 대한 감수성의 차이에 의해 상쇄(相殺 : masking) 되어 검정의 검정력을 저하시킨다.

〉〉〉 사례 8.3

일반 사료에 비타민 B_{12}를 첨가하면 돼지의 성장 속도를 증가시킬 것이라는 가설을 검정하고자 한다. 이 경우에도 비타민에 대한 반응에서 개체 간 차이가 있으므로 첨가군(添加群)과 비첨가군 표본이 독립적인 것이 되지 못한다.

〉〉〉 사례 8.4

작물 재배 과정에서 해충을 살충제로 방제하는 방법(화학적 방제)은 해충의 밀도를 저하시킴으로써 해충의 피해를 감소시키는 긍정적인 면이 크지만 천적과 방화곤충(訪花昆蟲)상을 파괴하는 부정적인 면도 있다. "사과 과수원에서의 화학적 방제가 사과 수확량을 증가시킨다"는 가설을 증명하기 위해 비슷한 규모의 두 과수원을 선택하고 그 중 사과 40주를 임의로 선택하고 각 20주씩 두 그룹으로 나누어 한 그룹에는 살충제를 처리하고 나머지는 처리하지 않은 채로 재배하여 사과의 수확량을 조사한다고 하자. 수확량은 나무의 형질은 물론 나무의 나이와 나무가 서 있는 미기상(微氣象), 해충의 밀도 및 가해 기간 등의 영향을 받으므로 이 두 표본은 독립적인 표본이 되지 못한다. 살충제 이외의 인자에 의해 간섭을 받기 때문이다. 따라서 이러한 실험의 결과를 가지고 "살충제의 처리가 수확량을 증가시킨다"는 가설을 검정하기는 어렵다.

이 사례들처럼 독립적인 표본이 아닌 두 표본 평균 간 차이를 검정하기 위해서는 **표본을 서로 대응(對應)하는 요소로 구성하고 각 대응 요소 간의 비교를 통하여 차이를 검정하는 것이 바람직하다. 대응 표본이라 함은 동일한 감수성을 가진 개체, 동일한 생리적 특성을 가진 개체 또는 동일한 (환경)조건의 개체들을 서로 대응시켜 대응개체들 간 특정 인자의 영향을 비교하는 표본을** 말한다. 대응 표본을 얻기 위해서 가장 좋은 방법은 동일한 개체에 비교하고자 하는 인자를 임의적인 차례로, 동시에 또는 시차를 두고 처리하는 것이다. 그러나 실제 자연에서 한 개체에 두 대응 처리를 할 수 있는 경우는 제한되어 있기 때문에 가장 유사한 대상을 대응시키고 그 차이를 비교하는 방법이 많이 사용된다. 일란성 쌍생아, 동일한 어미로부터 동시에 태어난 동배 돼지 새끼들, 동일 포기〔株〕로부터 번식된 영양번식 개체들이 대응시킬 수 있는 좋은 예들이다. 이와 같이 **대응표본을 통하여 특정인자의 영향을 검정하는 방법을 대응비교(對應比較 : paired comparison)**라고 한다.

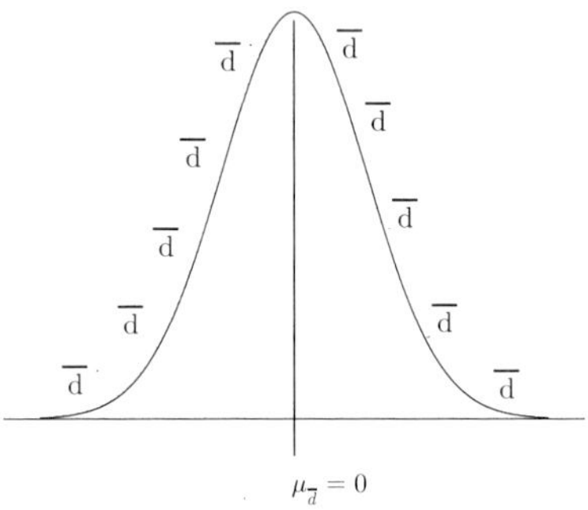

〈그림 8-5〉 $\bar{d}_i$의 분포

대응비교에서의 확률변수는 $D = x_{1i} - x_{0i}$ 이다. 즉 대응요소 i 에서의 인자 처리 간 차이가 된다. 대상 인자의 영향이 없다면, 즉 처리 간 차이가 없다면, 변수 D의 평균($\bar{d}$) 은 0이 될 것이다. 그런데 표본 평균 $\bar{d}$ 역시 변수이며(6장 2절) 평균($\mu_{\bar{d}}$) 이 0, 분산이 $s^2_{\bar{d}}$인 분포를 하므로 대응비교는 $\mu_{\bar{d}}$가 0인 분포에서 표본 평균이 $\bar{d}$가 될 확률을 추정함으로써 이루어진다.

대응비교의 과정은 다음과 같다.

1) 각 대응요소 간 차이(d_i), 차의 평균($\bar{d}$), 분산(s^2_d), 표준오차($s_{\bar{d}} = \frac{s_d}{\sqrt{n}}$)을 추정한다.

2) 귀무가설(H_0)과 대립가설(H_1)을 설정하고, 유의수준을 결정한다.

   귀무가설 : "$\bar{d}$ 의 모평균은 0이다."(H_0 : $\mu_{\bar{d}} = 0$)

   대립가설 : "$\bar{d}$ 의 모평균은 0가 아니다."(H_0 : $\mu_{\bar{d}} \neq 0$) (양측 검정)

"$\bar{d}$의 모평균은 0 보다 크다." (H_I: $\mu_{\bar{d}} > 0$) 또는

"$\bar{d}$의 모평균은 0 보다 작다." (H_I: 또는 $\mu_{\bar{d}} < 0$)

(단측 검정)

3) 검정통계량을 추정한다.

대표본의 경우 $z = \dfrac{\bar{d} - \mu_{\bar{d}}}{\sigma_d/\sqrt{n}} = \dfrac{\bar{d}}{\sigma_d/\sqrt{n}}$, $\sigma_{\bar{d}} \doteq s_{\bar{d}}$

소표본의 경우 $t = \dfrac{\bar{d} - \mu_{\bar{d}}}{s_d/\sqrt{n}} = \dfrac{\bar{d}}{s_d/\sqrt{n}}$, 자유도는 $n-1$

4) 귀무가설이 옳을 경우 확률을 추정한다.

대표본의 경우 표준 정규분포에서부터 $P(Z > z)$,

소표본의 경우 t-분포에서부터 $P(T > t_{n-1})$를 추정한다.

5) 확률이 유의수준보다 크면 귀무가설을 채택하고 반대이면 대립가설을 채택한다.

[예제 8.4] 유전성 질환인 낭포성 섬유증(cystic fibrosis : CF)은 소화된 영양을 흡수하지 못하여 영양결핍증을 유발하는 병이다. 카데터(catheter)를 통하여 정맥에 영양물질을 공급하여 그 병의 억제 효과를 보고자 하였다. 10명의 환자를 대상으로 1개월간 카데터로 영양을 공급하고 공급 전후의 체중(kg)을 측정하여 〈표 8-4〉와 같은 결과를 얻었다. 카데터를 통한 정맥에의 직접적인 영양공급은 효과가 있는가? 유의수준 5%에서 검정하라.

〈표 8-5〉 낭포성 섬유증 환자에게 정맥을 통하여 직접 영양 주입하고 1개월 후 측정한 체중 증가량

환자	1	2	3	4	5	6	7	8	9	10
공급전(x_0)	54.0	19.5	23.1	33.0	33.0	39.0	23.7	35.2	34.2	42.5
공급후(x_1)	57.8	24.8	27.4	36.5	43.1	44.0	31.7	40.1	36.0	47.2
차이($x_1 - x_0$)	3.8	5.3	4.3	3.5	10.1	5.0	8.0	4.9	1.8	4.7

● 풀이 ●

$\sum d = 51.4,\ \bar{d} = 5.14,\ s_d^2 = \dfrac{\sum(d-\bar{d})^2}{9} = 5.49,\ s_d = 2.34$

1) 귀무가설 : "정맥에의 직접 영양공급은 효과가 없다." ($H_0: \mu_{\bar{d}} = 0$)

   대립가설 : "정맥에의 직접 영양공급은 효과가 있다." ($H_1: \mu_{\bar{d}} > 0$)

   (단측 검정)

2) 검정통계량 (소표본)

   $t = \dfrac{5.14}{2.34/\sqrt{10}} = \dfrac{5.14\sqrt{10}}{2.34} = 6.95$, 자유도는 $(n-1) = 9$

3) $t_{0.05,9} = 1.833$이므로 $P(t \geq 6.95) < 0.05$이다.

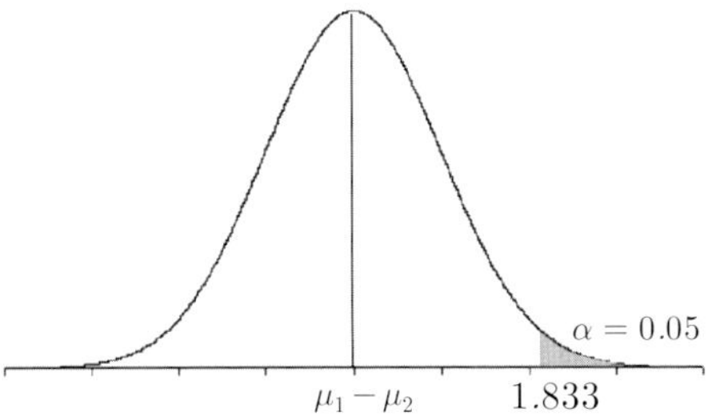

〈그림 8-6〉 검정 분포

4) 귀무가설을 기각하고 대립가설을 채택한다.

   정맥에의 직접 영양공급은 낭포성 섬유증 억제에 효과가 있다.

3. 두 표본 비율 간 차이 검정

앞에서는 평균과 분산이 주어지는 두 표본 평균 간의 차이를 검정하는 방법을 설명하였다. 그런데 연구의 대상이나 수집되는 자료가 평균과 분산을 추정하는 자료가 아니라 특정 사상(事象)이 일어나는 비율로 구성된 경우 비율을 토대로 한 확률분포를 토대로 할 수밖에 없다. 다음 예를 보자.

〉〉〉 사례 8.5

우리나라 성인남자 407명과 성인여자 156명을 대상으로 위암과 폐암에 대한 우려도를 조사하였다. 위암의 경우 남자 57명(14.0%), 여자 24명(15.4%)이 우려한다고 답하였고 폐암의 경우 우려하는 남자가 123명(30.2%)인 데 비해 여자는 12명(7.7%)이었다(중앙일보, 2003년 11월 25일). 이 자료는 조사대상자 수와 우려한다고 대답한 사람의 수만 제시되었을 뿐 평균과 분산이 추정될 수 없는 비율 자료이다. 이 자료를 토대로 성(性) 간에 우려하는 암의 종류가 다르다는 사실을 검정해야 한다면 주어진 비율을 토대로 할 수밖에 없다.

비율의 차에 대한 검정은 정규근사 방법을 토대로 이루어진다. 확률변수를 $p_1 - p_2$로 하면 이 변수는 평균이 $\mu_{p_1} - \mu_{p_2}$이고 분산이 $s^2_{\mu_{p_1}-\mu_{p_2}}$인 정규분포에 근사한 분포를 한다. 앞에서 설명한 바와 같이 두 비율의 분산이 동일하다는 전제가 충족되어야 하므로 두 비율의 분산은 가중평균치인 통합비율(p_t)로 추정되며 비율 간 차의 분산($s^2_{p_1-p_2}$)은 〈식 8.10〉과 같다.

$p_t = \dfrac{x_1 + x_2}{n_1 + n_2}$ 이므로

〈식 8.10〉 $s^2_{p_1-p_2} = p_t(1-p_t)(\dfrac{1}{n_1} + \dfrac{1}{n_2})$

이를 정규근사 방법에 대입하면 검정통계량 z를 추정할 수 있다(〈식 8.11〉).

〈식 8.11〉 $z = \dfrac{(p_1 - p_2) - (\mu_{p_1} - \mu_{p_2})}{\sqrt{s^2_{p_1-p_2}}}$

두 표본 비율 간 차이 검정의 과정은 다음과 같다.

1) 비교하고자 하는 두 표본에서 비율 간 차의 분산(〈식 8. 10〉)을 추정한다.
2) 귀무가설과 대립가설을 설정하고 유의수준을 결정한다.
   귀무가설 : "두 모집단의 비율은 차이가 없다." ($H_0 : p_1 = p_2$)
   대립가설 : "두 모집단의 비율은 차이가 있다." ($H_0 : p_1 \neq p_2$)
   (양측 검정)
   "한 모집단 비율이 다른 모집단 비율보다 크다/작다."
   ($H_I : p_1 > p_2$)
   (단측 검정)
3) 검정통계량을 추정한다.

$$z = \frac{(p_1 - p_2) - (\mu_{p_1} - \mu_{p_2})}{\sqrt{s^2_{p_1 - p_2}}}$$

4) 귀무가설이 옳을 경우 확률 $P(Z > z)$를 구한다.
5) 확률이 유의수준보다 크면 귀무가설을 채택하고 반대이면 대립가설을 채택한다.

[예제 8.5] 위의 〈사례 8.5〉를 자료로 위암에 대한 우려도에서 남녀 간 차이를 보이는가? 유의수준 5%에서 검정하라.

● 풀이 ●

1) $p_t = \frac{57 + 24}{407 + 156} = 0.144$

$$s_{p_t} = \sqrt{0.144(1-0.144)(\frac{1}{407}+\frac{1}{156})} = 0.033$$

2) 귀무가설 : “두 모집단의 비율은 차이가 없다.” (H_0 : $p_1 = p_2$)

   대립가설 : “두 모집단의 비율은 차이가 있다.” (H_1 : $p_1 \neq p_2$)

3) 검정통계량 $z = \frac{0.14-0.154}{0.033} = -0.423$

4) $P(Z>|1.96|) = 0.05$이므로 $P(Z>|-0.423|) > 0.05$이다.

5) 귀무가설을 기각하지 못한다. 따라서 위암을 우려하는 비율은 성 간에 차이가 없다고 판단한다.

4. 표본 평균 간 검정의 가정과 비모수 검정 방법

표본 평균 간 차의 검정은 모집단에서부터 임의로 추출된 표본을 토대로 한다는 점은 같다. 또한 표본 평균의 차이에 관심이 있는 것이 아니라 표본이 추출된 모집단의 모평균 간의 차이에 관심이 있다. 그런데 추정치인 표본 평균을 토대로 모평균의 차이를 검정하는 것은 본질적으로 제한이 있게 마련이다. 표본 평균 간의 차이를 검정하는 가설 검정의 신뢰성을 확보하기 위해서는 자료가 다음 두 가지 가정을 충족시키는 것이어야 한다.

1) **두 표본은 각각 평균이 μ_1, μ_2 분산이 σ_1^2, σ_2^2 인 정규분포를 하는 모집단에서 추출된 임의 표본이다.**
2) **분산이 다른 두 모집단의 비교는 검정력이 낮아 검정의 신뢰도가 낮아지므로 두 모집단의 분산이 동일하여야 한다.**

그러나 생물을 대상으로 하는 각종 연구들은 대상 개체에 따라 변이가 크고 대상 표본의 크기가 제한되며 실험 중 사망과 실종 등으로 표본의 크기를 조정하는 데 한계가 있다. 결과적으로 이 두 가지 조건들을 충족시키지 못하는 자료를 가지고 검정해야 하는 사례가 많다. 일반적으로 이로 인한 신뢰도의 저하는 두 표본의 크기가 같을 때보다 다를 때 크므로 표본의 수집 또는 실험 수행과정에서 표본의 크기를 동일하게 하는 것이 바람직하다. 검정의 전제가 충족되지 않는 경우에는 검정상의 보완이 요구된다. 전제가 충족되지 않아서 신뢰도의 상실이 큰 경우에는 모집단의 확률분포와는 무관(無關)한 비모수 방법(非母數 方法 : non parametric method)으로 검정하는 것이 바람직하다.

제9장 다수 모집단 간 비교 I: 일원 분산분석

양성 생식을 하는 동물의 성비가 일반적으로 1 : 1임은 잘 알려져 있는 사실이며 이를 자신의 유전자 확산의 극대화를 도모하는 개체의 진화과정의 결과로 해석하는 것이 일반적이다(進化的 安定戰略 : evolutionary stable strategy). 그러나 또한 많은 종 개체군들의 성비는 암컷 또는 수컷 쪽으로 치우쳐 있다는 것도 잘 알려져 있다. 이러한 성비의 치우침을 설명하는 이론이 "자원의 질적 특성에 따른 적응의 결과"라는 "기주영양이론(寄主營養理論 : host quality model)"이다. 이 이론은 생물적 적합도(適合度 : fitness)에 있어서 큰 암컷과 작은 암컷의 적합도 차이가 큰 수컷과 작은 수컷의 차이보다 크다는 가정(假定)에서 출발한다. 따라서 영양이 풍부한 큰 기주에 암컷을 낳는 행동이 선발된다는 것이다. 이 이론의 타당성을 검정하기 위해서 쌀바구미 유충을 기주로 하는 쌀바구미 금좀벌을 암수 크기에 따라 4개 교배조합을 구성하고 충분한 기주를 공급하여 사육하면서 차대 자손 수를 측정하였다. 수컷의 크기보다 암컷의 크기 차이가 자손 수(적합도)의 차이를 가져온다면 일단 암컷의 크기가 적합도에 미치는 영향이 수컷보다 크다는 사실을 인정할 수 있게 될 것이다. 〈표 9-1〉은 이 실험의 결과이다.

〈표 9-1〉 쌀바구미 기생별 암수크기의 교배조합이 자손 수에 미치는 영향

LFLM	LFSM	SFLM	SFSM
107	123	79	53
121	153	124	48
159	119	58	77
139	135	56	60
138	132	35	32

LFLM : 큰 암컷 X 큰 수컷, LFSM: 큰 암컷 X 작은 수컷, SFLM: 작은 암컷 X 큰 수컷, SFSM : 작은 암컷 X 작은 수컷

〈표 9-1〉의 자료를 토대로 암컷의 크기와 수컷의 크기 차이의 영향을 검정한다고 하자. 제8장에서 설명한 방법에 따른다면 네 개 조합의 자손 수를 비교하기 위해서 두 조합씩 짝을 지어 t − 검정을 해야 할 것이며 $\binom{4}{2}=6$ 개 비교 조합을 비교하여야 할 것이다.

셋 이상의 표본 평균 간의 비교는 비교 표본수가 많아질수록 비교 조합수도 많아지므로 더 번거로우며 그 결과를 조합하여 각 표본 평균 간의 차이 여부를 판단해야 하는 더 복잡한 과정이 되게 된다.

그러나 이보다 더 중요한 문제는 다수의 표본 평균 간의 비교를 위하여 비교조합 간의 비교를 독립적으로 수행하는 경우 최종적인 비교 과정에서 제1형 오류($\alpha-error$)를 크게 범하게 되는 결과를 가져온다는 것이다. 이것은 귀무가설을 기각할 수 없음에도 기각하게 되는 확률이 높아진다는 의미로 검정의 신뢰도를 낮추는 결과를 초래하는 것이다(〈표 9-2〉).

〈표 9-2〉 표본의 수와 표본 평균 간의 비교 조합 수와 유의수준 5%에서의 제1형 오류($\alpha-error$)의 확률

표본 수	비교 조합 수	$p(\alpha=0)$	제1형 오류 확률
2	1	1-α	0.05
3	3	$(1\text{-}\alpha)^3$	0.14

표본 수	비교 조합 수	$p(\alpha=0)$	제1형 오류 확률
4	6	$(1\text{-}\alpha)^6$	0.26
•	•	•	•
n	$\frac{n(n-1)}{2}$	$(1-\alpha)^{n(n-1)/2}$	$1-0.95^{n(n-1)/2}$

그러므로 셋 이상의 다수 모집단 간 차이를 검정하는 과정은 다수의 비교 조합을 대상으로 여러 번에 걸친 검정이 아니라 한 번의 검정으로 할 필요가 있다. 이렇게 다수의 표본 평균 간 차이 검정을 한 번의 검정으로 검정하는 방법을 분산분석(ANOVA : Analysis of Variance)이라고 한다. **분산분석은 분산의 비를 기본으로 다수 표본 평균의 평균 간 차이를 검정하는 방법으로 분산의 비를 확률변수로 하는 *F*-분포(8장 1절)를 이용하여 검정하는 방법이다.**

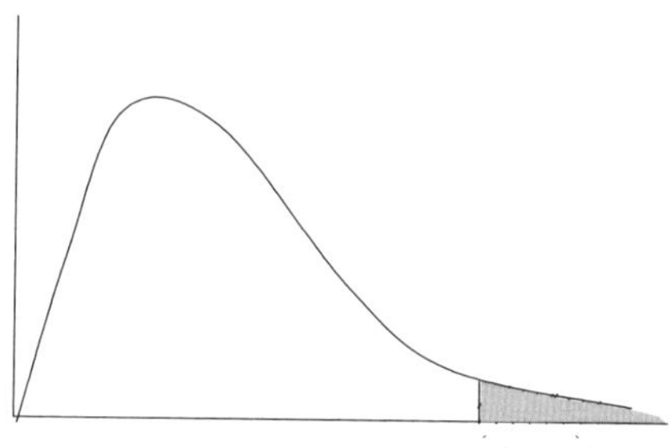

〈그림 9-1〉 F 분포

생물적 현상에 관련된 인자의 영향을 검정하고자 하는 경우 그 인자의 수준을 다양하게 투입하여 검정하는 것이 일반적이다. 이렇게 하나의 관련인자를 다수의 수준으로 검토하는 분산분석을 일원분산분석(one way ANOVA)이라고 한다.

1. 분산분석의 원리

생물 현상에 관련된 인자의 영향과 메커니즘을 검정하기 위해서는 그 인자가 부가되지 않을 때 나타나는 현상과 부가되었을 때 나타나는 현상 간의 차이를 비교하게 된다는 것은 7장과 8장에서 설명한 바와 같다. 그런데 많은 경우 그 인자의 영향을 검정하여 영향이 있음을 증명하는 것뿐 아니라 그 인자가 가지는 기능적인 관계를 설명하여야 할 필요가 있다. 그러기 위해서는 단순히 그 인자가 있고 없음에 따라 나타나는 결과와 아울러 그 인자를 여러 수준으로 처리하여 인자 수준의 차이로 인한 결과를 파악하는 것이 중요하다. 따라서 관련 인자의 영향과 기능을 설명하기 위한 실험은 검정 대상인 관련 인자를 여러 수준으로 처리하고 각 수준에서 반복적인 관찰을 통하여 나타난 결과를 비교하게 된다. 〈표 9-3〉은 인자의 수준이 K개인 실험을 각각 n회 반복하여 결과를 정리한 표이다. **관련 인자를 여러 수준으로 부가하는 과정을 일반적으로 처리(treatment)**라고 하며 각각의 인자 수준이 처리된 실험단위를 처리구라고 한다.

〈표 9-3〉 분산분석 대상이 되는 일반 자료의 형태

반복	처리 (treatment) : 인자 수준						
	A	B	C	D	•	K	합
1	x_{A1}	x_{B1}	x_{C1}	x_{D1}	•	x_{K1}	$x_{\cdot 1}$
2	x_{A2}	x_{B2}	x_{C2}	x_{D2}	•	x_{K2}	$x_{\cdot 2}$
3	x_{A3}	x_{B3}	x_{C3}	x_{D3}	•	x_{K3}	$x_{\cdot 3}$
4	x_{A4}	x_{B4}	x_{C4}	x_{D4}	•	x_{K4}	$x_{\cdot 4}$
•	•	•	•	•	•	•	•
•	•	•	•	•	•	•	•
n	x_{An}	x_{Bn}	x_{Cn}	x_{Dn}	•	x_{Kn}	$x_{\cdot n}$
합	$x_{A\cdot}$	$x_{B\cdot}$	$x_{C\cdot}$	$x_{D\cdot}$	•	$x_{K\cdot}$	$x_{\cdot\cdot}$

〈표 9-3〉과 같이 검정 인자가 한 개이고 각 처리별로 n회 반복 관찰되는 실험 결과를 분석하는 과정을 일원분산분석(一元分散分析 : one way ANOVA)이라고 한다.

일반적으로 i번째 처리(열)의 j번째 반복(행)의 값은 x_{ij}로 표기한다. $x_{i.}$은 i번째 처리의 합($\sum_{j=1}^{n} x_{ij}$), $x_{.j}$는 j번째 반복의 합($\sum_{i=A}^{k} x_{ij}$)을 의미하며 $x_{..}$은 전체 값의 합($\sum_{i=A}^{K}\sum_{j=1}^{n} x_{ij}$)이다. i번째 처리의 평균은 $\overline{x_{i.}}$, j번째 반복의 평균은 $\overline{x_{.j}}$, 전체 평균은 $\overline{x_{..}}$으로 표기하도록 한다.

1.1. 분석모형

앞에서 설명한 대로 여러 처리 간 비교를 하는 경우에도 그 실험의 목적에 따라서 가설이 다르게 설정되며 따라서 동일한 자료를 통해서도 다른 해석이 가능하다. 그러므로 가설에 따라서 목적에 따라 다른 분석 모형에 토대를 둘 수밖에 없다. 다음 사례들을 보자.

〉〉〉 사례 9.1

우리나라에서 재배되는 수도 품종 중 중만생종(中晩生種) 5개 품종을 선택하여 수확량의 차이가 있는지를 알아보고자 한다고 하자. 이 경우 우리의 관심은 우리가 선택한 5개 품종에서의 수확량에 차이가 있는지에 있을 수가 있다. 이와는 달리 우리의 관심이 5개 품종에 국한되어 있는 것이 아니라 우리나라에서 등록된 중만생종 37개 품종 전체의 수확량에 차이가 있는지의 여부에 있을 수 있다.

〉〉〉 사례 9.2

점박이응애는 100여 종 이상의 작물에 경제적 피해를 주는 해충이다. 우리의 관심이 우리나라에서 주로 재배되는 10종의 작물에서의 점박이응애 피해의 차이에 있을 수 있고 다른 한편으로 이보다는 작물의 종류에 따라 점박이응애의 유전형질의 변이의 크고 작음에 관심이 있을 수 있다.

〉〉〉 사례 9.3

혈중 에스트라디올(estradiol)은 폐경기를 지난 여성의 질병과 관련이 있는 호르몬이다. 폐경기를 지난 여성 10명으로부터 채혈된 시료(試料)를 각각 4등분하여 4개의 검사실에서 혈중 에스트라디올을 측정하도록 하였다. 이 경우 우리의 관심은 여성 10명의 에스트라디올 함량의 차이 여부에 있는 것이 아니라 검사실에서 측정된 측정치의 신뢰성에 있다. 즉 개인별 측정치의 변이가 충분히 작아 개인 간 측정치의 변이를 신뢰할 수 있는가 하는 것이다.

위의 사례들은 같은 자료에서도 가설에 따라 결론이 다르며 따라서 다른 논리적 모형에 토대를 두어야 함을 말하고 있다. 분산분석의 모형은 크게 **고정모형**(fixed effect model)**과 변량모형**(random effect model)의 두 가지로 구별된다. 일반적으로 분산분석은 고정모형으로 이루어지나 경우에 따라서는 변량모형으로 이루어진다. 특별하게 언급된 경우를 제외하고는 고정모형에 따른 분산분석으로 생각해도 무리가 없다.

1.1.1. 고정모형

실험을 수행하는 목적이 실험 대상인 처리 평균 간 차이에 국한된 가설의 검정에 있을 때 이를 검정하는 모형을 **고정모형**(fixed effects model)이라고 한다. 우리가 행하는 대부분의 실험 또는 연구는 고정된 처리 간 차이를 검정하는 것으로 고정모형에 토대를 두고 있다. 다음 사례들을 보자.

>>> 사례 9.4

비육(肥肉)을 목적으로 소를 사육하는 농가의 관심은 어떤 품종의 소를 어떤 사료로 사육하는 것이 가장 바람직한가에 있다. 이 농가가 얻고자 하는 정보는 "소 품종 A를 사료 B로 사육하는 것이 가장 적절하다"는 것이다. 이를 충족시키기 위해서는 비육에 적합한 소의 여러 품종을 대상으로 어떤 품종의 소가 가장 비육이 빠른가를 검토하고 동시에 어떤 사료를 사용하는 것이 바람직한가를 검정하여야 하며 따라서 전체 소 품종 간의 비육의 변이나 사료에 따른 비육의 변이를 측정할 이유가 없다.

>>> 사례 9.5

천식을 치료하기 위한 여러 약제가 있다고 하자. 그러나 천식의 유발 원인에 따라 각 약의 효과에 차이가 있다고 알려져 있다. 유발원인에 따라 투여되는 약이 달라져야 한다면 각 유발 유형별 최선의 약을 투약해야 할 것이며 이를 알기 위한 실험은 유형별로 가장 적합한 약제를 선발하는 데 있다.

>>> 사례 9.6

내게 생물학 강의를 해야 하는 과제가 주어졌다고 하자. 그렇다면 나는 분명히 가장 효과적인 방법으로 강의를 하고자 할 것이며 소개된 여러 가지 강의법을 검토하게 될 것이다. 만일 내가 이미 소개된 강의법보다 효과적이라고 생각되는 강의법을 개발한다면 그 효과를 검정하고자 할 것이며 내 관심은 개발된 강의법이 보다 효과적인가에 고정되게 된다.

1.1.2. 변량모형

고정모형과는 달리 변량모형은 처리 간 분산이 유의(有意)한지의 여부를 검정하는 모형이다. 이 모형에서는 처리가 고정된 것이 아니라 처리 자체가 변량이다. 각 처리는 가능한 모든 처리에서 추출된 임의 표본으로 간주된다. 그러므로 처리 평균 간 차이 여부는 관심의 대상이 아니다. 고정모형과의 차이를 앞의 사례들로부터 생각해 보자.

〉〉〉 사례 9.7

〈사례 9. 4〉와는 달리 비육 농가의 관심이 비육을 목적으로 육종된 모든 소 품종 간 비육도에 차이가 있는지에 있다면 실험 대상이 된 품종은 비육 품종의 임의 표본이 되고 검정 결과는 변량모형에 따라 해석된다.

〉〉〉 사례 9.8

〈사례 9. 5〉에서 천식에 처방되는 약제에 따라 효과에 차이가 있는지를 검정하고자 한다면 실험에 처방된 약제는 표본이며 검정 결과는 변량모형에 따라 해석된다.

〉〉〉 사례 9.9

〈사례 9. 6〉에서 강의방법에 따라 학습 효율에 차이가 있는지를 검정하고자 한다면 실험된 방법은 가능한 강의 방법 중 임의로 선택된 표본이 되며 검정 결과는 변량모형에 따라 해석된다.

2. 분산분석의 과정

2.1. 선형 모형

〈표 9-3〉에서의 각 관측치 x_{ij}가 전체 평균 μ, 처리에 따른 차이 $(\mu_i - \mu)$,

그리고 처리 내 실험오차 $e_{ij} = x_{ij} - \mu_i$ 가 상가적(相加的)으로 더해져서 이루어진 값이라고 가정하면 i번째 처리의 j번째 관측치인 x_{ij}는 〈식 9. 1〉과 같다.

〈식 9. 1〉 $x_{ij} = \mu + (\mu_i - \mu) + e_{ij}$

실험오차 e_{ij}는 평균이 0, 분산이 σ^2인 정규분포를 하는 변수로 가정된다. 〈식 9. 1〉에서부터 처리 평균 간 차이가 없다면 $(\mu_i - \mu) = 0$가 되고 따라서 $x_{ij} = \mu + e_{ij}$를 얻을 수 있다.

2.2. 분산 추정

〈식 9. 1〉에 μ_i의 추정치인 $\overline{x_i}.$ 와 μ의 추정치인 $\overline{x..}$를 대입하고 정리하여 각 관측치와 전체 평균과의 편차의 제곱합(SST)을 구하면

〈식 9. 2〉 $SST = \sum_{i=1}^{K}\sum_{j=1}^{n_i}(x_{ij} - \overline{x..})^2 = \sum_{i=1}^{K}\sum_{j=1}^{n_i}(\overline{x_i}. - \overline{x..})^2 + \sum_{i=1}^{K}\sum_{j=1}^{n_i}(x_{ij} - \overline{x_i}.)^2$

이 된다. ($\sum_{i=1}^{K}\sum_{j=1}^{n_i}(\overline{x_i}. - \overline{x..})(x_{ij} - \overline{x_i}.)$의 기댓값은 0 이다.)

이것은 전체평균과의 편차 제곱합(SST : Total sum of square), $\sum_{i=1}^{K}\sum_{j=1}^{n_i}(x_{ij} - \overline{x..})^2$은 처리의 제곱합($SSt$: sum of square of treatment), $\sum_{i=1}^{K}\sum_{j=1}^{n_i}(\overline{x_i}. - \overline{x..})^2$과 오차의 제곱합($SSE$: sum of square of error), $\sum_{i=1}^{K}\sum_{j=1}^{n_i}(x_{ij} - \overline{x_i}.)^2$으로 나누어진다는 것을 말한다.

전체 제곱합(SST), 처리 제곱합(SSt), 오차 제곱합(SSE)을 토대로 전체 분산에 대한 분석표를 작성하면 〈표 9-4〉와 같은 분산분석표를 얻을 수 있다.

〈표 9-4〉 일원분산분석의 분산분석표

요인 (SV)	제곱합 (SS)	자유도 (df)	평균제곱 (MS)	F	기대평균제곱(EMS)	
					고정 모형	변량 모형
처리	$SSt=\sum_{i=1}^{K}\sum_{j=1}^{n_i}(\bar{x}_i.-\overline{x..})^2$	$K-1$	$MSt=SSt/(K-1)$	MSt/MSE	$\sigma^2+\frac{\sum n_i(\mu_i-\mu)^2}{K-1}$	$\sigma^2+n_t\sigma_t^2$
오차	$SSE=\sum_{i=1}^{K}\sum_{j=1}^{n_i}(x_{ij}-\bar{x}_i.)^2$	$\sum n_i-K$	$MSE=SSE/(\sum n_i-K)$		σ^2	σ^2
전체	$SST=\sum_{i=1}^{K}\sum_{j=1}^{n_i}(x_{ij}-\overline{x..})^2$	$\sum n_i-1$				

처리의 분산(기대평균제곱)은 고정모형의 경우 $\sigma^2+\frac{\sum n_i(\mu_i-\mu)^2}{K-1}$, 변량모형의 경우 $\sigma^2+n_t\sigma_t^2$ 이고 오차의 분산(기대평균제곱)은 σ^2이다. 만약 처리의 분산과 오차의 분산이 같다면, 즉 $F=1$이면 고정모형에서 $\sum(\mu_i-\mu)^2=0$이며 i개 그룹 평균 간에 차이가 없다고 할 수 있다. 변량모형에서는 $n_t\sigma_t^2=0$이므로 처리 간 분산이 유의하지 않음을 의미하게 된다.

2.3. 일원분산분석의 가정

분산분석은 다수의 처리 간 비교를 평균 간 비교가 아닌 분산의 비와 이의 확률분포인 F-분포에 토대를 두고 이루어진다. **F-분포에 의한 확률 추정을 가능하게 하기 위해서는 1) 각 처리는 다른 처리들과는 독립적인 정규모집단이며, 2) 각 관측치는 각 처리로부터 임의적으로 추출된 표본이고, 3) 각 처리는 동일한 분산을 가진다는 가정이 충족되어야 한다.** 이러한 가정이 충족되지 않는 경우에는 자료를 변환하여 가정들이 충족되도록 유도한 변환자료를 토대로 분산분석을 하여야 하며 자료변환으로도 가정이 충족되지 않을 경우 비모수 방법을 사용하여야 한다.

>>> **분산의 동일성 검정**

처리 간 분산의 동일성 여부는 바틀릿(Bartlett)의 검정 방법에 따라 알아볼 수 있다.

K개 처리의 반복수와 분산을 각각 f_i, s_i^2 라고 하고, 변수 M과 C를 각각 〈식 9. 3〉과 〈식 9. 4〉로 정의하면, 검정통계량 $\chi^2 = M/C$는 자유도 $K-1$인 χ^2 분포를 한다.

〈식 9. 3〉 $M = 2.3026[(\sum f_i)log(\bar{s}^2) - \sum f_i log(s_i^2)]$

〈식 9. 4〉 $C = 1 + \frac{1}{3(K-1)}[\sum \frac{1}{f_i} - \frac{1}{\sum f_i}]$

그러므로 각 처리 분산의 동일성 여부는 $\chi^2 = M/C$에 토대를 둔 χ^2분포에서의 확률을 추정함으로써 가능하다.

2.4. 분산분석의 과정

분산분석의 과정은 다음과 같다.

1) 귀무가설(H_0)과 대립가설(H_1)을 설정하고, 유의수준을 결정한다.

귀무가설 : "각 그룹 평균 간 차이는 없다." ($H_0 : \Sigma(\mu_i - \mu)^2 = 0$)

대립가설 : "각 그룹 평균 간 차이는 있다." ($H_1 : \Sigma(\mu_i - \mu)^2 \neq 0$)

2) 전체 제곱합(SST), 처리 제곱합(SSt), 오차 제곱합(SSE)을 구한다.

>>> **분산요인의 편의식**

$$SST = \sum_{i=1}^{K}\sum_{j=1}^{n_i}(x_{ij} - \overline{x..})^2 = \sum_{i=1}^{K}\sum_{j=1}^{n_i}x_{ij}^2 - \frac{x^2..}{\sum_{i=1}^{K}n_i},$$

$$SSt = \sum_{i=1}^{K}(\bar{x}_i. - \overline{x..})^2 = \sum_{i=1}^{K}n_i(\overline{x_i.} - \overline{x..})^2 = \sum_{i=1}^{K}\frac{x_i^2.}{n_i} - \frac{x^2..}{\sum_{i=1}^{K}n_i},$$

$$SSE = SST - SSt$$

* $x.. = \sum\sum x_{ij}$

3) 분산분석표를 작성하고 각 요인의 분산과 검정통계량 $F = MSt/MSE$ 를 구한다.

요 인 (SV)	제곱합 (SS)	자유도 (df)	평균제곱 (MS)	F
처리	SSt	$K-1$	$MSt = SSt/(K-1)$	MSt/MSE
오차	SSE	$\sum n_i - K$	$MSE = SSE/(\sum n_i - K)$	
전체	SST	$\sum n_i - 1$		

4) 귀무가설이 옳을 경우 확률($P(F > F_{\alpha, \nu_1, \nu_2})$을 $F-$분포표에서 추정한다.

5) 확률이 유의수준보다 높으면 귀무가설을 채택하고 낮으면 대립가설을 채택한다.

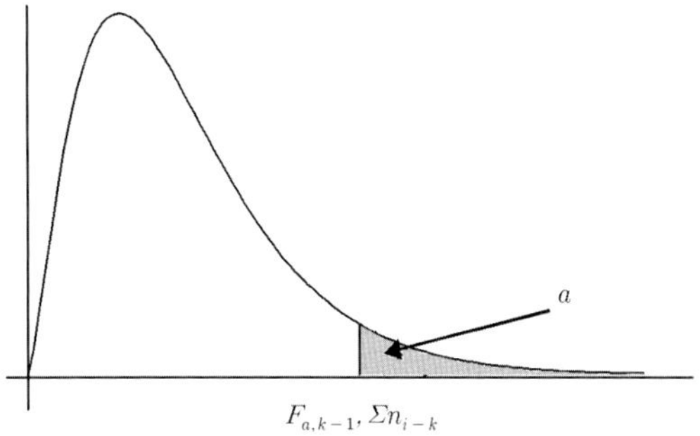

〈그림 9-2〉 F-분포에서의 귀무가설 기각역

[예제 9.1] 〈표 9-1〉에서 보인 자료를 가지고 네 가지 교배조합 간 자손 수의 차이가 있는지를 분석해 보자.

LFLM	LFSM	SFLM	SFSM
107	123	79	53
121	153	124	48
159	119	58	77
139	135	56	60
138	132	35	32

1) 귀무가설 : "쌀바구미 금종별의 암수크기의 네 가지 교배조합 간 자손 수의 차이는 없다." (H_0 : $\Sigma(\mu_i - \mu)^2 = 0$)

대립가설 : "쌀바구미 금종별의 암수크기의 네 가지 교배조합 간 자손 수의 차이가 있다." (H_I : $\Sigma(\mu_i - \mu)^2 \neq 0$)

2) 각 요인 제곱합의 추정 및 분산분석표 작성

$$SST = 107^2 + 121^2 + 159^2 + \cdot\cdot\cdot + 60^2 + 32^2 - \frac{1,948^2}{20}$$

$$= 223,092 - 189,735.2 = 33,356.8$$

$$SSt = \frac{664^2 + 662^2 + 352^2 + 270^2}{5} - \frac{1,948^2}{20} = 25,453.6$$

$$SSE = 33,356.8 - 25,453.6 = 7903.2$$

3) 분산추정과 분산분석표의 작성

요인	편차제곱합	자유도	평균제곱합	F
처리	25,453.6	3	8,484.53	17.18
오차	7,903.2	16	493.95	
전체	33,356.8	19		

4) 귀무가설이 옳을 경우 자유도가 3, 16인 분포에서 유의수준 5%에 해당하는 $F_{0.05,3,16} = 3.24$이므로 $P(F > 17.18) < 0.05$이다.

5) 귀무가설을 기각하고 대립가설을 채택한다. 쌀바구미 금종벌의 암수 크기의 네 가지 교배조합 간 자손 수의 차이가 있다고 판단한다.

3. 처리 평균 간 비교

분산분석은 앞 절에서 언급한 바와 같이 귀무가설인 $\Sigma(\mu_i - \mu)^2 = 0$를 검정하는 것이므로 귀무가설이 기각되는 것은 어떤 처리 또는 처리군이 다른 처리 또는 처리군과 차이가 있다는 사실을 의미하는 것이다. 그러나 분산분석은 어떤 처리와 어떤 처리 간에 차이가 있으며 또 어떤 처리와는 차이가 없는지를 말해주지는 않는다. 각 처리 간의 비교가 의미가 없는 변량모형의 경우에는 그것으로 충분하다. 그러나 각 처리 간의 차이에 관심이 있는 고정모형의 경우에는 귀무가설이 기각된다는 것만으로 충분하지 않다. 각 처리 간의 차이 유무를 다시 검토하여 결론을 내릴 필요가 있기 때문이다.

따라서 귀무가설이 기각되는 경우 어떤 처리와 어떤 처리 간에 차이가 있는지를 다시 분석하여야 하며 이렇게 개개 처리와 처리 간 차이 유무를 검토하는 과정을 다중비교(多重比較 : multiple comparison)라 한다.

다중비교를 하는 방법은 여러 가지가 있는데 그중에서도 가장 많이 사용되고 있는 최소유의차 검정(LSD : least significant difference test), SNK 다중검정(multiple range test), Tukey의 검정을 소개한다.

3.1. 최소유의차(LSD) 검정

K개 처리 간 비교에서 각각의 비교조합을 만들고 각 조합에서의 평균 간 검정을 행하는 방법이다. 이 방법은 기본적으로 $t-$분포를 이용하는 $t-$검정이다. 그러므로 평균 간 차이에 대한 검정 통계량은 $t = \frac{\overline{x_i} - \overline{x_j}}{s_{\overline{x_i} - \overline{x_j}}}$ 이다. 그런데

$s^2_{\overline{x}_i - \overline{x}_j} = \dfrac{(n_i-1)s_i^2+(n_j-1)s_j^2}{n_i+n_j-2}$ 이며, 분산분석의 가정에 따라 $s_i^2 = s_j^2 = s_p^2$ 이라고 하면 〈식 9.5〉로부터 $s_p^2 = MSE$를 얻는다.

〈식 9.5〉 $$s_p^2 = \frac{\sum_{i=1}^{K}(n_i-1)s_i^2}{\sum_{i=1}^{K}(n_i-1)} = \frac{\sum_{i=1}^{K}\sum_{j=1}^{n_i}(x_{ij}-\overline{x}_i)^2}{\sum_{i=1}^{K}(n_i-1)} = MSE$$

그러므로 두 처리 평균 간 차이 검정을 위한 검정통계량 t는 〈식 9.6〉과 같으며

〈식 9.6〉 $$t = \frac{\overline{x}_i - \overline{x}_j}{\sqrt{MSE(\frac{1}{n_i}+\frac{1}{n_j})}}$$

유의수준 α에서의 $\overline{x}_i - \overline{x}_j$의 값은 〈식 9.7〉 과 같다.

〈식 9.7〉 $$\overline{x}_i - \overline{x}_j = t_{\alpha/2,\nu}\sqrt{MSE(\frac{1}{n_i}+\frac{1}{n_j})}$$

그러므로 두 처리 평균의 차이가 유의한 차이가 되기 위해서는 그 차이가 최소한 〈식 9.7〉의 값보다 커야 한다. ***LSD*** (least significant difference)는 **최소유의차**라고 하며 〈식 9.8〉과 같이 정의되는 값이다.

〈식 9.8〉 $$LSD = t_{\alpha/2,\nu}\sqrt{MSE(\frac{1}{n_i}+\frac{1}{n_j})}$$

두 처리 평균의 차이가 *LSD*보다 크다면 그 차이는 유의한 차이이며 따라서 두 처리 평균 간 차이가 있다고 판단하는 과정을 *LSD* 검정이라고 한다.

LSD **검정**은 본질적으로 $t-$검정과 같은 방법이나 단순한 두 그룹 간 비교에서 추정되는 공통분산보다는 많은 처리와 자료를 토대로 한 오차분산 (MSE)을 공통분산으로 한다는 점에서 신뢰도가 높다고 할 수 있다. 그러나 여러 번의 $t-$검정을 수행하면서 나타나는 제1형 오류($\alpha-error$)의 증가 현상으로부터 자유롭지 못하기 때문에 귀무가설($\Sigma(\mu_i-\mu)^2=0$)을 기각하지 못하는 경우에도 LSD 검정에서는 최소한 1개 비교조합에서 유의한 차이가 발견될 확률이 있으며 처리 수가 많아질수록 그 확률은 커진다. LSD 검정에

서의 이러한 오류를 피하기 위해서는 분산분석의 결과 귀무가설이 기각되는 경우에 한해서 검정을 수행하여야 한다.

[예제 9.2] 〔예제 9.1〕에서 귀무가설이 기각되어 교배조합 평균 간에 차이가 있다고 결론을 내렸다. 이제 각 교배조합 평균 간 비교를 통하여 차이가 있는 조합을 가려내고자 한다. 이를 *LSD*에 의해서 검정해 보자. 각 교배조합의 평균과 차이는 〈표 9−5〉와 같다.

〔예제 9. 1〕의 분산분석표(ANOVA) 에서 오차의 분산(MSE) 은 493. 95이며 반복수는 네 조합 모두 5이므로 $LSD = t_{0.05/2,16}\sqrt{493.35(\frac{1}{5}+\frac{1}{5})} = 2.12 \times 14.05 = 29.78$이다.

4그룹의 평균을 순서대로 나열하고 차이를 구하고 그룹 간 차이의 유의성을 축차적(逐次的) 으로 검토한 결과는 〈표 9-5〉와 같다.

〈표 9−5〉 쌀바구미 기생벌 크기의 교배조합별 자손 수의 평균과 다른 교배조합과의 차이 행렬 및 *LSD* 검정 결과표

교배조합	SFSM	SFLM	LFSM	LFLM
평균	54	70.4	132.4	132.8
차이	-	16.4	78.4	78.8
	-	-	62.0	62.4
	-	-	-	0.4
	a	a	b	b

교배조합 SFSM과 SFLM 간에는 차이가 없으며 또한 LFSM과 LFLM 간 차이는 없다는 사실을 보여준다. 그러나 (SFSM과 SFLM) 과 (LFSM과 LFLM) 간 차이는 유의하다. 즉 암컷의 크기에 따라 자손 수가 달라진다고 할 수 있다.

3.2. SNK(Student–Neuman–Keuls) 검정

비교하고자 하는 처리들의 평균을 크기 순서대로 나열하고 순서에 따라 각각 평균 간 차이의 유의 범위를 산출하여 처리 평균 간 비교를 하는 축차적 비교 방법이다.

LSD 검정과는 달리 평균의 순위에 따라 유의차(D)를 다르게 하여 다중비교에 따라 증가하는 제1형 오류(α-error)를 범할 확률을 조정하는 검정 방법이다. **이 검정은 각 처리의 반복수가 동일하다는 것을 가정한다.**

검정과정은 다음과 같다.

1) 처리의 평균을 순위에 따라 정렬한다.

2) 두 처리 평균 간 차이의 표준 범위($q_{\alpha,\nu}$: studentized range)를 표(부록 Ⅸ)에서 구한다.

$$q_{\alpha,\nu} = \frac{\bar{x}_i - \bar{x}_j}{s_{\bar{x}}} = \frac{\bar{x}_i - \bar{x}_j}{\sqrt{MSE/n}}$$

(α는 유의수준, ν는 오차의 자유도, n은 처리의 반복수이다.)

2) 표준 범위로부터 평균 간 유의차의 역치(域値 : D)를 산출한다.

〈식 9.9〉 $D = q_{\alpha,\nu}\sqrt{MSE/n}$

3) 순위에 따라 처리 평균 간 차이와 역치를 비교하여 유의성을 판단한다.

[예제 9.3] 〔예제 9.1〕의 결과에서 평균 간 차이가 있다고 판정되었으므로 각 평균 간 비교를 통하여 차이가 있는 조합을 가려내야 한다. 이를 *SNK*방법에 따라 검정해 보자.

ANOVA 표에서부터 오차의 분산(MSE)은 493.95이고 오차분산의 자유도는 16이며 반복수는 동일하게 5이다.

4처리 간 비교이므로 표준범위표(studentized range table)에서 자유도 16, 유의수준 5% 값을 순서대로 4까지 읽으면

$q_{2,16} = 3.00$, $q_{3,16} = 3.65$, $q_{4,16} = 4.05$

이다. 따라서 표준 경계치는 SFSM과 타 그룹(SFLM, LFSM, LFLM) 비교에서

$D_1 = 3.00 \times \sqrt{493.95/5} = 29.82$,

SFLM과 타 그룹(LFSM, LFLM) 비교에서

$D_2 = 3.05 \times \sqrt{493.95/5} = 30.31$,

LFSM과 타 그룹(LFLM) 비교에서

$D_3 = 4.05 \times \sqrt{493.95/5} = 40.25$이다.

〈표 9-6〉은 비교의 과정과 결과를 보인 것이다.

〈표 9-6〉 교배조합 간 자손 수 평균 차이의 검정

교배조합	SFSM	SFLM	LFSM	LFLM
평균	54	70.4	132.4	132.8
차이	-	16.4	78.4	78.8
	-	-	62.0	62.4
	-	-	-	0.4
	a	a	b	b

SFLM-SFSM=16.4<29.82 (유의하지 않음)
LFSM-SFSM=78.4>29.82 (유의함)
LFSM-SFLM=62.0>30.31 (유의함)
LFLM-SFLM=0.4<40.25 (유의하지 않음)
이를 정리하면

SFSM	*SFLM*	*LFSM*	*LFLM*
a	a	b	b

3.3. Duncan 다중검정

SNK 검정과 같은 과정으로 평균 간 비교를 하는 방법이다. 다만 표준범위 대신에 *Duncan*의 다중 검정을 위한 수표를 토대로 한다는 차이가 있다.

3.4. Tukey 검정

다중비교 방법 중 가장 보수적인 방법으로 두 처리 평균 간 차이의 유의성을 판단하는 데 *LSD* 검정이나 *SNK* 검정보다 엄격한 방법이다. 즉 *LSD* 검정 또는 *SNK* 검정에서 유의하다고 판단되는 평균 간의 차이가 유의하지 않는 차이로 판단될 가능성이 있다는 것이다. 각 처리 평균을 *SNK* 검정이나 *Duncan* 검정처럼 축차적으로 비교하는 것이 아니라 *LSD* 검정과 같이 평균 간 차이가 유의하다고 판단하는 하나의 역치〔진성유의차(眞性有意差 : *HSD*, honestly significant difference)〕를 산출하고 이 역치보다 평균 간 차이가 크면 유의한 차이라고 판단하는 방법이다.

검정 과정은 다음과 같다.

1) 유의수준 α, 오차분산의 자유도 ν, 처리 수 K에 해당하는 처리 평균 간 차이의 표준 범위, $q_{\alpha,K,\nu}$(studentized range)를 구한다.

$$q_{\alpha,K,\nu} = \frac{\bar{x}_i(max) - \bar{x}_j(min)}{\sqrt{MSE/n}} \quad \text{(표본 크기가 같을 때)}$$

$$q_{\alpha,K,\nu} = \frac{\bar{x}_i(max) - \bar{x}_j(min)}{\sqrt{MSE/2(1/n_i + 1/n_j)}} \quad \text{(표본 크기가 같지 않을 때)}$$

〔$\bar{x}(max)$는 처리 평균 중 최고 값, $\bar{x}(min)$은 처리 평균 중 최소값, n은 반복수〕

2) 유의수준 α에서의 처리 평균 간 진성유의차(眞性有意差 : *HSD*)를 산출한다(〈식 9. 10〉).

〈식 9.10〉 $HSD = \frac{q_{\alpha,k,\nu}}{\sqrt{2}} \sqrt{MSE/(1/n_i + 1/n_j)}$ (표본 크기가 같지 않을 때)

$HSD = q_{\alpha,k,\nu}\sqrt{MSE/n}$ (표본 크기가 같을 때)

3) 두 평균 간 차이가 *HSD*보다 크면 유의한 차이로 판단한다.

[예제 9.4] 〔예제 9.1〕의 결과를 이를 Tukey 검정에 따라 검정해 보자.

ANOVA 표에서부터 오차의 분산(MSE)은 493.95이고 오차분산의 자유도는 16이며 반복수는 동일하게 5이다.

4그룹 간 비교이므로 표준 범위표(studentized range table)에서 자유도 16, 유의수준 5% 값에 해당하는 표준범위는 $q_{0.05,4,16} = 4.05$이며 진성유의차는

$HSD = 4.05 \times \sqrt{493.95/5} = 40.25$

이다. 따라서

SFLM-SFSM=16.4〈40.25 (유의하지 않음)

LFSM-SFSM=78.4〉40.25 (유의함)

LFSM-SFLM=62.0〉40.25 (유의함)

LFLM-SFLM=0.4〈40.25 (유의하지 않음)

이를 정리하면

SFSM	*SFLM*	*LFSM*	*LFLM*
a	a	b	b

이다.

〔예제 9.1~9.4〕에서 처리 평균 간 비교는 검정방법에 관계없이 같은 결과를 보이고 있다. 일반적으로 분산분석을 통하여 귀무가설이 기각되어 처리

평균 간 차이가 있다고 판단되는 경우 *LSD* 검정의 검정력과 이를 보완하고자 하는 다른 방법의 검정력의 차이는 유의하지 않다고 알려져 있다. 따라서 귀무가설이 기각되는 경우 논리적 취약성에도 불구하고 *LSD* 검정을 기피할 이유는 없다.

제10장 다수 모집단 간 비교 II : 난괴법

일원분산분석은 하나의 인자를 3개 이상의 수준으로 처리하여 수준별 차이를 검정함으로써 그 인자의 영향을 검정하는 방법이다. 이것이 가능하기 위해서는 1) 각 처리 내 각 관측치는 임의표본이며, 2) 독립적으로 추출되었고, 3) 관측치의 변이는 처리에 의한 변이와 실험오차에 의한 변이 등 두 가지 요인에 의한 것이라는 가정이 충족되어야 한다. 결국 전 실험이 인자의 수준에 따른 차이(처리 효과) 이외에는 동일한 조건 하에서 수행되어야 한다는 것이다. 그러나 실험실에서 수행되는 일부 실험을 제외하고는 이러한 조건을 충족시키기가 쉽지 않다. 특히 야외의 규모가 큰 실험에서는 충족이 불가능에 가까운 조건이다. 동일한 조건에서의 실험을 수행하는 것이 오히려 예외적인 상황이라고 한다면 이 조건을 충족시킬 수 없는 일반적인 상황 하에서 다수 모집단 간의 비교가 가능한 분석방법을 생각해야만 한다.

다음 사례들을 보자.

〉〉〉 사례 10.1

중부지역에서 재배하고자 다수확 벼 품종 N을 개발하였다 하자. 이 신품종의 수확량이 중부 지역에서 주로 재배되는 두 가지 벼 품종 A와 B보다 많아야 보급이 가능하게 될 것이다. 신품종의 수확량이 더 많다는 가설을 검정하기 위해서 기존 품종 A, B와 신품종 N의 세 품종을 일정 지역 네 농가에서 각각 1단보의 논을 임대하여 재배한 후 수확량을 조사하고자 한다. 그런데 네 농가의 논은 그 비옥도(肥沃度 : fertility)가 달라서 수확량이 품종만이 아니라 비옥도의 차이에 따라 달라질 수 있다는 사실을 알게 되었고 따라서 새 품종의 수확량이 기존의 두 품종의 수확량보다 많다 하더라도 그것이 품종의 영향인지 토양 비옥도의 영향인지를 분석하기가 어렵다는 문제에 부딪히게 되었다. 토양비옥도의 영향을 배제하고 품종의 영향을 검정하기 위해서 각 농가의 논 1단보를 세 개의 처리구로 나누고 세 품종을 임의로 세 처리구에 배치하여 재배하고 수확량을 조사하는 것이 바람직하다고 결론을 내리고 이에 따라 실험을 계획하였다. 수확량 비교에서 농가에 따라 차이가 나는 비옥도의 영향을 조절할 수 있다고 생각되었기 때문이다. 즉 각 농가의 논은 세 처리구로 구성된 집구(集區 : block)가 되고 집구간 수확량의 차이는 비옥도 차이에 의한 것으로 추정될 수 있을 것이기 때문이다.

〉〉〉 사례 10.2

가옥(家屋) 해충인 바퀴를 방제하는 데 탁월한 효과를 가진 천연살충제(NP)가 새롭게 개발되었다. 이 천연살충제의 살충력이 현재 주로 사용되고 있는 세 가지 살충제보다 효과가 크다는 가설을 검정하였다. 임의로 선택된 가옥에서 100마리의 바퀴를 수집하여 임의로 25마리씩 네 그룹으로 나누고 각 그룹에 네 가지 살충제 중 한 가지를 처리하고 일정 시간 후에 사망한 개체수를 조사하여 살충력을 추정하였다면 이 실험의 결과는 살충력 검정을 위한 객관적인 자료가 될 수 없다. 여기에서 문제는 바퀴의 생태형이 다양할 수 있고 각각의 생태형이 각각의 약제에 대한 반응이 다를 수 있다는 가능성이다. 그러므로 살충력 검정의 객관성을 확보하기 위해서는 생태형 간에 나타날 수 있는 반응의 차이에 따른 살충력 변이의 가능성을 배제(排除) 할 수 있어야 한다. 이를 위해서는 가능한 한 다양한 바퀴의 생태형을 수집하고 각 생태형에 네 가지 약제를 처리하여 살충력을 조사함으로써 생태형의 반응상 차이에서 오는 살충력 변이를 알아야 한다. 하나의 생태형에 네 가지 살충제가 각각 처리되므로 이 경우 바퀴의 생태형은 〈사례 10. 2〉에서의 집구에 해당된다.

〉〉〉 사례 10.3

유전자조작생물(GMO)의 환경 적응력이 동일한 종의 야생 개체와 차이가 있는지를 검정한다고 하자. 생물 종은 서식처의 생태적 특성에 따라 차이를 보이는 만큼 GMO의 적응력 검정을 위해서는 상이한 생태적 특성에 따른 변이를 조절한 후에 적응력을 분석하여야 한다. 그러므로 특성이 다른 여러 환경 조건에서 GMO 개체와 야생개체들을 동시에 재배한 후 적응력을 비교하게 된다. 즉, 생태적 특성을 집구로 하고 각 집구내에서 야생개체들과의 적응력 비교 실험을 수행하게 된다는 것이다.

이와 같이 **전체 실험구를 b개의 동질적인 집구로 나누고 각 집구에 검정하고자 하는 모든 처리를 임의로 배치하여 실험을 수행함으로써 가설을 검정하고 결과를 분석하는 실험 방법을 난괴법(亂塊法 : randomized block design)이라 한다.**

〈표 10-1〉 난괴법으로 수행된 자료의 일반 형태

집구	처리(treatment) : 인자 수준						
	A	B	C	D	·	K	합
1	x_{A1}	x_{B1}	x_{C1}	x_{D1}	·	x_{K1}	$x_{\cdot 1}$
2	x_{A2}	x_{B2}	x_{C2}	x_{D2}	·	x_{K2}	$x_{\cdot 2}$
3	x_{A3}	x_{B3}	x_{C3}	x_{D3}	·	x_{K3}	$x_{\cdot 3}$
4					·		

집구	처리 (treatment) : 인자 수준						
	A	B	C	D	·	K	합
	x_{A4}	x_{B4}	x_{C4}	x_{D4}		x_{K4}	$x_{\cdot 4}$
·	·	·	·	·	·	·	·
·	·	·	·	·	·	·	·
R	x_{AR}	x_{BR}	x_{CR}	x_{DR}	·	x_{KR}	$x_{\cdot R}$
합	$x_{A\cdot}$	$x_{B\cdot}$	$x_{C\cdot}$	$x_{D\cdot}$	·	$x_{K\cdot}$	$x_{\cdot\cdot}$

$$SST=\sum_{i=1}^{K}\sum_{j=1}^{R}(x_{ij}-\overline{x_{\cdot\cdot}})^2=\sum_{i=1}^{K}\sum_{j=1}^{R}x_{ij}^2-\frac{x_{\cdot\cdot}^2}{RK}$$

$$SSb=K\sum_{j=1}^{R}(\overline{x_{\cdot j}}-\overline{x_{\cdot\cdot}})^2=\sum_{j=1}^{R}\frac{x_{\cdot j}^2}{K}-\frac{x_{\cdot\cdot}^2}{RK}$$

$$SSt=R\sum_{i=1}^{K}(\overline{x_{i\cdot}}-\overline{x_{\cdot\cdot}})^2=\sum_{i=1}^{K}\frac{x_{i\cdot}^{2}}{R}-\frac{x_{\cdot\cdot}^2}{RK}$$

$$SSE=SST-SSb-SSt$$

일반적으로 i 번째 처리(열)의 j번째 반복(행)의 값은 x_{ij}로 표기한다. $x_{i\cdot}$은 i 번째 처리의 합, $x_{\cdot j}$는 j번째 집구의 합을 의미하며 $x_{\cdot\cdot}$은 전체 값의 합이다. i 번째 처리의 평균은 $\overline{x_{i\cdot}}$, j번째 집구의 평균은 $\overline{x_{\cdot j}}$, 전체 평균은 $\overline{x_{\cdot\cdot}}$으로 표기하도록 한다.

〈그림 10-1〉 난괴법에서의 처리와 집구의 예(3처리×3집구)

A	B	C
B	C	A
C	A	B

1. 분산분석의 과정

1.1. 선형 모형

〈표 10-1〉에서의 각 관측치 x_{ij}가 전체 평균 μ, 처리에 따른 차이 $(\mu_i - \mu)$, 집구에 따른 차이$(\mu_j - \mu)$, 그리고 실험오차 ϵ_{ij}가 상가적(相加的)으로 더해져서 이루어진 값이라고 가정하면 i번째 처리의 j번째 관측치인 x_{ij}는 〈식 10. 1〉과 같다.

〈식 10. 1〉 $x_{ij} = \mu + (\mu_i - \mu) + (\mu_j - \mu) + \epsilon_{ij}$

실험오차 ϵ_{ij}는 평균이 0, 분산이 σ^2인 정규분포를 하는 변수로 가정된다.

처리에 따른 차이가 없다면, 즉 $(\mu_i - \mu) = 0$이면 일원분산분석에서 오차 e_{ij}가 난괴법에서는 $(\mu_j - \mu) + \epsilon_{ij}$, 로 나누어지게 되고 오차가 감소$(e_{ij} > \epsilon_{ij})$하므로 그만큼 검정력이 커지는 효과($F_{일원분석} < F_{난괴법}$)가 있다. 그러나 오차의 자유도가 $K(R-1)$에서 $(K-1)(R-1)$로 감소하므로 집구간에 차이가 없는 경우, 즉 $(\mu_j - \mu) = 0$이면 오히려 검정력이 낮아질 수 있다.

1.2. 분산 추정

〈식 10. 1〉에 $\mu_{i\cdot}$의 추정치인 $\overline{x_{i\cdot}}$, $\mu_{\cdot j}$의 추정치인 $\overline{x_{\cdot j}}$와 μ의 추정치인 $\overline{x_{\cdot\cdot}}$를 대입하고 정리하여 각 관측치와 전체 평균과의 편차의 제곱합(SST)을 구하면 〈식 10. 2〉를 얻는다.

〈식 10. 2〉 $SST = \sum_{i=1}^{K}\sum_{j=1}^{R}(x_{ij} - \overline{x_{\cdot\cdot}})^2$

$$= R\sum_{i=1}^{K}(\overline{x_{i\cdot}} - \overline{x_{\cdot\cdot}})^2 + K\sum_{j=1}^{R}(\overline{x_{\cdot j}} - \overline{x_{\cdot\cdot}})^2 + \sum_{i=1}^{K}\sum_{j=1}^{R}(x_{ij} - \overline{x_{i\cdot}} - \overline{x_{\cdot j}} + \overline{x_{\cdot\cdot}})^2$$

〈식 10. 2〉에서 전체 평균과의 편차 제곱합(SST : total sum of square),

$\sum_{i=1}^{K}\sum_{j=1}^{R}(x_{ij}-\overline{x_{..}})^2$은 처리의 제곱합($SSt$: sum of square of treatment), $R\sum_{i=1}^{K}(\overline{x_{i.}}-\overline{x_{..}})^2$, 집구의 제곱합($SSb$: sum of square of block), $K\sum_{j=1}^{R}(\overline{x_{.j}}-\overline{x_{..}})^2$ 과 실험오차의 제곱합(SSE : sum of square of error), $\sum_{i=1}^{K}\sum_{j=1}^{R}(x_{ij}-\overline{x_{i.}}-\overline{x_{.j}}+\overline{x_{..}})^2$으로 나누어진다는 것을 보여주고 있다.

이를 토대로 전체 분산에 대한 분석표를 작성하면 〈표 10-2〉와 같이 된다.

〈표 10-2〉 난괴법에서의 분산분석표

요인 (SV)	제곱합 (SS)	자유도 (df)	평균제곱 (MS)	F	기대평균제곱(EMS)	
					고정 모형	변량 모형
집구	$SSb=\sum_{j=1}^{R}K(\overline{x_{.j}}-\overline{x_{..}})^2$	$R-1$	$MSb=SSb/(R-1)$	MSb/MSE	$\sigma^2+\frac{K\Sigma(\mu_i-\mu)^2}{R-1}$	$\sigma^2+K\sigma_b^2$
처리	$SSt=\sum_{i=1}^{K}R(\overline{x_{.j}}-\overline{x_{..}})^2$	$K-1$	$MSt=SSt/(K-1)$	MSt/MSE	$\sigma^2+\frac{R\Sigma(\mu_i-\mu)^2}{K-1}$	$\sigma^2+R\sigma_t^2$
오차	$SSE=SST-SSb-SSt$	$(R-1)(K-1)$	$MSE=SSE/(R-1)(K-1)$		σ^2	σ^2
전체	$SST=\sum_{i=1}^{K}\sum_{j=1}^{R}(x_{ij}-\overline{x_{..}})^2$	$RK-1$				

〈표 10-2〉에서와 같이 처리의 분산(기대평균제곱합)은 고정모형의 경우 $\sigma^2+\frac{R\Sigma(\mu_i-\mu)^2}{K-1}$, 변량모형의 경우 $\sigma^2+R\sigma_t^2$이고 오차의 분산(기대평균제곱)은 σ^2이다. 만약 처리의 분산과 오차의 분산이 같다면, 즉 $F=1$이면 고정모형에서 $\Sigma(\mu_i-\mu)^2=0$ 이며 i개 그룹 평균 간에 차이가 없다고 할 수 있다. 변량모형에서는 $R\sigma_t^2=0$이므로 처리 간 분산이 유의하지 않음을 의미하게 된다.

1.3. 분산분석의 과정

분산분석의 과정은 일원분산분석과 유사하다.

1) 귀무가설(H_0)과 대립가설(H_1)을 설정하고, 유의수준을 결정한다.

귀무가설 : "각 처리 평균 간 차이는 없다." ($H_0 : \Sigma(\mu_i - \mu)^2 = 0$)

대립가설 : "각 처리 평균 간 차이는 있다." ($H_1 : \Sigma(\mu_i - \mu)^2 \neq 0$)

2) 전체제곱합(SST), 집구제곱합(SSb), 처리제곱합(SSt), 오차 제곱합(SSE)을 구한다.

3) 분산분석표를 작성하고 각 요인의 분산과 검정 통계량 $F = MSt/MSE$를 구한다.

4) 귀무가설이 옳을 경우 확률($P(F > F_{\alpha,\nu_1,\nu_2}$)을 F-분포표에서 추정한다.

5) 확률이 유의수준보다 높으면 귀무가설을 채택하고 낮으면 대립가설을 채택한다.

요 인 (SV)	제곱합 (SS)	자유도 (df)	평균제곱 (MS)	F
집구	SSb	$R-1$	$MSb = SSb/(R-1)$	MSb/MSE
처리	SSt	$K-1$	$MSt = SSt/(K-1)$	MSt/MSE
오차	SSE	$(R-1)(K-1)$	$MSE = SSE/(R-1)(K-1)$	
전체	SST	$RK-1$		

[예제 10.1] 파종(播種) 전 콩의 종자 처리를 통해 발아력(發芽力)을 높이고자 한다. 발아력을 높이는 여러 약제 중 가장 좋은 약제를 선발하고자 실험을 수행하였다. 처리 약제는 무처리(대조)를 포함하여 3종이었고, 실험구는 토양의 특성이 상이한 5개 집구로 나누었다. 각 집구를 다시 3개의 처리구로 나누고 3가지 약제를 임의로 처리하였다. 〈표 10-3〉은 실험의 결과를 정리한 표이며 관측치는 처리 후 파종된 종자 100개 중 발아 종자 수이다. 세 가지 약제 처리에서 발아력에 차이를 보이는지를 검정하여 보자.

〈표 10-3〉 콩 종자처리제에 의한 발아력 증진 효과

처리	집구					합	평균
	1	2	3	4	5		
무	87	89	92	90	95	453	90.6
A	92	98	96	97	91	474	94.8
B	89	95	90	94	97	465	93.0
합	268	282	278	281	283	1,392	92.5

● 풀이 ●

1) 귀무가설 : "세 가지 약제 처리 간 발아력에 차이는 없다."

$(H_0 : \Sigma(\mu_i - \mu)^2 = 0)$

대립가설 : "적어도 한 가지 처리는 차이가 있다." $(H_1 : \Sigma(\mu_i - \mu)^2 \neq 0)$

유의수준은 5% 로 한다.

2) 각 요인 제곱합의 추정 및 분산분석표 작성

전체제곱합

$$SST = 87^2 + 89^2 + 92^2 + \cdots + 90^2 + 94^2 + 97^2 - \frac{1392^2}{15}$$

$$= 129,344 - 129,177.6 = 166.4$$

집구제곱합

$$SSb = \frac{268^2 + 282^2 + 278^2 + 281^2 + 283^2}{3} - \frac{1392^2}{15} = 49.73$$

처리제곱합

$$SSt = \frac{474^2 + 453^2 + 465^2}{5} - \frac{1392^2}{15} = 44.4$$

오차 제곱합

$$SSE = SST - SSb - SSt = 72.27$$

3) 분산추정과 분산분석표의 작성

요인	제곱합	자유도	평균제곱	F
집구	49.73	4	12.43	1.38
처리	44.4	2	22.20	2.46
오차	72.27	8	9.03	
전체	166.4	14		

4) 귀무가설이 옳을 경우 유의수준 5%에 해당하는 F값($F_{0.05,2,8}$)이 4.46이므로 $P(F>2.46) > 0.05$이다.
5) 귀무가설을 채택한다. 세 가지 종자 처리 간 발아력에 차이가 있다고 할 수 없다.

2. 처리 평균 간의 비교

난괴법에서의 처리 평균 간의 비교도 앞에서 설명한 완전임의배치법에서와 같이 *LSD* 검정, *SNK* 검정, *Duncan* 검정, 그리고 *Tukey* 검정으로 수행한다.

3. 난괴법의 가정과 상대효율

난괴법에 따른 실험을 수행하기 위해서는 분산분석이 가정하는 일반적 전제 외에 전체 실험구는 1) 동질적인 집구로 나누어지며, 2) 각 집구에는 모든 처리가 임의로 배치되어 있다는 전제를 충족시켜야 한다. 그러므로 가장 간단한 경우에도 모든 처리는 $R \times K$개의 처리구로 구성되며 각 집구는 K개의 처리구로 구성된다. 실험 수행과정에서 또는 분석과정에서 $R \times K$개의 관측치 중 하나라도 소실되면 난괴법에 의한 검정은 수행할 수가 없으며 해당 관측치는 추정치로 대치하여야 한다〔결측치 수정(缺測値 修正)〕. 그러나 이로 인해 오차의 자유도가 감소하여 검정의 신뢰도가 떨어지게 되므로 가능한 한 피하도록 하여야 한다. 두 개 이상의 관측치가 소실된 경우에는 결측치 추정 자체가 쉽지 않다.

일원분산분석에 비해 난괴법에 따른 분석은 실험구의 이질적 특성에 따른 변이 요인을 제거함으로써 검정력을 높이는 효과를 얻게 된다. 반면에 모든 관측치를 얻어야 한다는 점에서 일원분석보다는 까다로운 조건이 부가된다.

난괴법에 의한 효과가 일원분석에 비해 얼마나 크게 되는가를 추정할 수 있다면, 가설 검정을 위한 실험(또는 조사)을 일원분석으로 할 것인가 아니면 난괴법으로 할 것인가를 결정하는 데 도움이 될 것이다.

난괴법을 통하여 얻을 수 있는 귀무가설 검정력의 상대적 효율을 생각해 보자.

반복수가 n인 일원분산분석에서의 오차의 분산을 s_{ow}^2이라 하고 집구수가 R인 난괴법에서의 오차분산을 s_{rb}^2이라고 하면 각 처리 평균의 분산은 전자(前者)에서는 $\frac{s_{ow}^2}{n}$, 후자에서는 $\frac{s_{rb}^2}{R}$이다. 난괴법의 상대적 효율은 집구로 나눔으로써 얻어지는 반복수의 감소, 즉 집구수 R과 반복수 n의 비율로 정의할 수 있다. 일원분산분석을 통해서 난괴법에서의 처리평균의 분산과 동일한 분산을 얻기 위해서는 $\frac{s_{ow}^2}{n} = \frac{s_{rb}^2}{R}$이 되도록 반복수를 조절하여야 한다. 그러므로 난괴법의 상대효율(Eb)은 $\frac{n}{R} = \frac{S_{ow}^2}{S_{rb}^2}$에서 결국 $\frac{S_{ow}^2}{S_{rb}^2}$이 된다. 분산분석표 〈10. 2〉에서부터 〈식 10. 3〉을 얻을 수 있다.

〈식 10. 3〉 $$Eb = \frac{S_{ow}^2}{S_{rb}^2} = \frac{(R-1)MSb + R(K-1)MSE}{(RK-1)MSE}$$

집구화를 함으로써 효율이 높아졌다면 Eb는 1보다 클 것이며 그렇지 않으면 1 이하가 될 것이다.

[예제 10.3] 〔예제 10.1〕에서 일원분석에 대한 난괴법의 효율을 구해 보자.

● 풀이 ●

〔예제 10. 1〕의 분산분석표와 〈식 10. 3〉으로부터 난괴법의 상대적 효율은

$Eb = \frac{S_{ow}^2}{S_{rb}^2} = \frac{4\times12.43 + 5\times2\times9.03}{14\times9.03} = 1.10$이다. 즉 집구화로 검정효율이 10% 증가되었음을 의미한다.

제11장 표본 평균 간 비교: 비모수 방법

제8장부터 10장에서 가설 검정은 정규분포를 하는 모집단에서 귀무가설이 옳은 경우 특정의 실험 결과가 나타날 수 있는 확률에 근거한다는 사실을 설명하였다. 이렇게 확률분포에 의거하여 검정하는 경우 가설을 검정하기 위한 자료는 "정규분포를 하는 모집단에서 임의적으로 추출된 표본이며 비교모집단의 분산은 서로 같다"는 가정을 충족시켜야 한다. 확률분포와 그 모수에 근거하여 가설을 검정하는 방법을 모수 방법이라고 한다.

그러나 자주 우리는 크기가 작은 소표본 자료이거나 질적 자료(2장 2절)로 이루어져 모집단이 정규분포를 한다는 확신을 가지지 못하거나, 평균과 분산이 정의되지 않는 자료를 토대로 가설을 검정해야 하는 상황에 부딪히게 된다. 이와 같이 **모수 방법의 가정을 충족시키지 못하거나, 평균과 분산이 정의되지 않아 모수 검정을 할 수 없는 경우에는 모집단의 분포와 모수와는 관계없는 통계적 방법을 사용하게 되는데 이를 비모수적 방법**이라고 한다.

비모수적 방법에는 두 표본 평균 간 비교에 사용되는 1) 부호 검정(符號 檢定 : sign test), 2) 윌콕슨의 부호-순위 검정(符號順位 檢定 : Wilcoxon signed-rank test), 3) 윌콕슨의 순위합 검정(順位合 檢定 : Wilcoxon rank sum test) 또는 맨-휘트니의 U 검정(Mann-Whitney U test)과, 셋 이상의 표본 평균 간

비교를 위한 4) 크루스칼-윌리스 검정(Kruskal-Wallis test) 등이 있다.

1. 두 모집단 간 비교 : 대응 비교

다음 두 가지 사례를 보자.

〉〉〉 사례 11.1

으깬 쇠고기로 만든 작은 파이(patty)를 각각 다른 두 가지 온도 조건에서 (−18°C의 정온과 −18 ~ −10°C의 변온 조건) 8개월 간 보관한 후에 8명의 감정가를 초대하여 맛을 순위로 평가하도록 하였다. 평가자의 기호에 따라 평가에 차이가 있을 것으로 생각되므로 각 평가자에게 저장 조건을 알리지 않고 임의의 순서로 파이를 제공한 후 평가하도록 하였다. 〈표 11-1〉은 평가 결과이다.

〈표 11−1〉 저장 온도 조건이 파이의 맛에 미치는 영향

저장 조건	평가자							
	가	나	다	라	마	바	사	아
정온	1	1	2	1	2	2	1	1
변온	2	2	1	2	1	1	2	2

〉〉〉 사례 11.2

어떤 작물에 심각한 피해를 주는 병을 방제하기 위하여 새로이 개발된 살균제의 처리 효과를 검정하고자 하였다. 동일한 환경에서 동일한 방법으로 재배된 동일 품종의 20개체를 임의로 선발하고 각 개체에 병원균을 접종한 후에 대응된 잎을 선택하여 한 잎에는 살균제를 처리하고 대응된 잎에는 살균제를 처리하지 않고 재배하면서 일주일 후에 병 감염 정도를 5단계(건전한

상태를 1, 전체 감염 5)로 평가하였다. 〈표 11-2〉는 그 결과이다.

〈표 11-2〉 식물병 감염정도에 미치는 신개발 살균제의 영향(假想 資料)

살균제	개체																			
	1	2	3	4	5	6	7	8	9	10	11	12	13	14	15	16	17	18	19	20
무처리	3	3	4	2	5	3	3	2	4	4	3	5	2	1	1	2	5	3	4	2
처리	1	2	2	1	2	1	1	1	1	3	1	2	3	2	2	3	3	2	2	3

〈사례 11. 1〉과 〈사례 11. 2〉는 양적 자료가 아니라 질적 자료이다. 따라서 표본의 평균과 분산을 토대로 두 집단을 비교하는 모수분석 방법은 가능하지 않으므로 비모수적인 방법을 이용해서 두 집단의 차이 여부를 검정할 수밖에 없다. 또한 이들 자료는 한 평가자가 두 가지 평가를 수행하거나(〈표 11-1〉) 한 개체에 두 가지 처리를 한 결과(〈표 11-2〉)이므로 각 관측치는 그에 대응된 관측치를 가지는 대응자료이다. 이러한 대응자료에서의 귀무가설을 검정하는 비모수 방법으로 부호 검정(符號 檢定)과 부호-순위 검정을 들 수 있다.

1.1. 부호 검정

두 대응된 모집단을 비교하기 위한 자료가 서로 대응되어 있는 순위자료 (x_i, y_i)라고 하자. 그리고 $x_i - y_i < 0$, $x_i - y_i = 0$, $x_i - y_i > 0$ 일 때 각각 -1, 0, +1을 취하는 변수를 d_i 라고 하면 d_i는 0, -1 그리고 +1의 세 가지 값을 가지는 변수가 된다. 만약 두 모집단이 차이가 없다고 하면 d_i의 중위수(50분위수), Δ는 0이 될 것으로 기대된다. 따라서 Δ가 양수이거나 음수이면 두 모집단 X와 Y는 차이가 있다고 말할 수 있으며 X가 Y보다 크거나 작다고 판단할 수 있다(가설 검정 참조). 그런데 Δ가 0이 되기 위해서는 $d_i = 0$인 표본을 제외한 n개 중에서 $\frac{n}{2}$개가 +1이어야 하므로 이를 토대로 귀무가설을 검정할 수 있다.

두 모집단이 차이가 없다면, 확률 $P(d_i=1)=\frac{1}{2}$ 이며 $d_i=+1$인 개수를 K라 하면 K는 평균이 $\frac{n}{2}$, 분산이 $\frac{n}{4}$인 이항확률분포를 따르는 변수가 된다. 따라서 우리는 K의 확률($P(K=k)$)을 추정할 수 있고 이 확률과 유의수준을 비교하여 귀무가설을 검정할 수 있다.

1.1.1. 이항 분포를 이용한 확률추정

소표본의 경우($n\leq 20$)에는 K의 확률, $P(K=k)$을 이항분포에서 직접 추정하는 것이 정확하다. K가 k 이상/이하 값을 취할 확률은 〈식 11. 1〉과 같다.

〈식 11. 1〉 $P = 2\times \sum_{i=k}^{n}\binom{n}{i}(\frac{1}{2})^n$ (k가 $n/2$보다 클 때)

$P = 2\times \sum_{i=0}^{k}\binom{n}{i}(\frac{1}{2})^n$ (k가 $n/2$보다 작을 때)

$P = 1$ (k가 $n/2$일 때)

1.1.2. 정규근사에 의한 확률추정

소표본이 아닌 경우에는 이항분포에서 확률을 추정하는 것이 쉽지 않으므로 이항분포의 정규근사화에 의해 확률을 추정하게 된다.

K가 k 이상/이하 값을 취할 수 있는 확률은 〈식 11. 2〉와 같다.

〈식 11. 2〉 $P=2\times[1-\Phi(\frac{k-n/2-0.5}{\sqrt{n/4}})]$ (k가 $n/2$ 보다 클 때)

$P=2\times\Phi(\frac{k-n/2+0.5}{\sqrt{n/4}})]$ (k가 $n/2$ 보다 작을 때)

단, $\Phi(x) = P(Z < z)$ 이다.

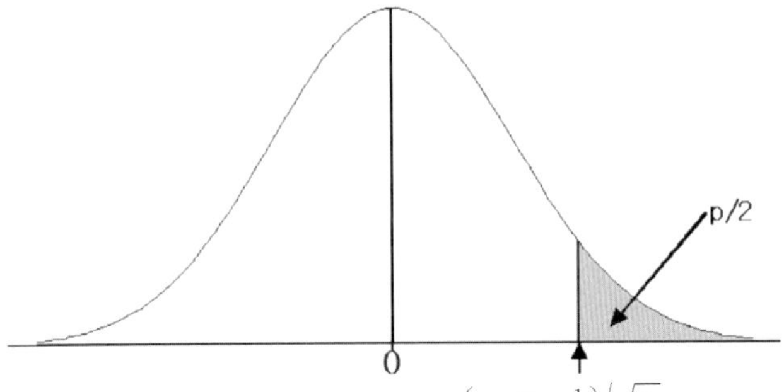

〈그림 11-1〉 표본 정규분포에서의 k와 귀무가설 기각역($k > \frac{n}{2}$)

1.1.3. 부호 검정 과정

부호 검정은 다음과 같은 차례로 수행된다.

1) 귀무가설($\triangle = 0$)과 대립가설($\triangle \neq 0$)을 설정하고 유의수준을 결정한다.

2) 귀무가설이 옳을 때 K가 k 이상 또는 이하가 될 확률을 구한다.

   $d_i \neq 0$ 인 수(n)가 20 이하인 소표본에서는 이항분포에서 확률을 추정한다.

   $d_i \neq 0$ 인 수(n)가 20보다 클 때는 정규근사 방법에 의해서 해당 확률을 구한다.

3) 추정된 확률이 유의수준보다 낮으면 귀무가설을 기각한다.

[예제 11.1] 〈사례 11.1〉로부터 파이의 저장 온도가 맛에 영향을 미치는지에 대해 검정해 보라. 유의수준은 5%로 한다.

● 풀이 ●

1) 〈표 11 − 1〉에서부터 d_i 를 산출하면 아래 표와 같다.

저장조건	평가자							
	가	나	다	라	마	바	사	아
정온	1	1	2	1	2	2	1	1
변온	2	2	1	2	1	1	2	2
d_i	-1	-1	+1	-1	+1	+1	-1	-1

2) 귀무가설 : 두 가지 저장 온도 조건은 맛에 영향을 주지 않는다.
　　　$(H_0 : \triangle = 0)$

　대립가설 : 두 가지 저장 온도 조건은 맛에 영향을 준다. $(H_1 : \triangle \neq 0)$

3) 귀무가설이 옳을 때 $K \leqq 3$일 확률, $P(K \leqq 3)$은 〈식 11. 1〉로부터

$P(K \leqq 3) = 2\sum_{i=0}^{3}\binom{8}{i}\cdot\left(\frac{1}{2}\right)^8 = 0.727$이다.

4) 유의수준 5%에서 귀무가설을 채택한다. 저장온도 조건은 파이의 맛에 영향을 주지 않는다.

[예제 11.2] 〈사례 11.2〉로부터 신개발 살균제의 효과가 있는지를 검정하라. 유의순준은 5%로 한다.

● 풀이 ●

1) 〈표 11 − 2〉에서부터 d_i 를 산출하면 아래 표와 같다.

살균제	개체																			
	1	2	3	4	5	6	7	8	9	10	11	12	13	14	15	16	17	18	19	20
무처리	3	3	4	2	5	3	3	2	4	4	3	5	2	1	1	2	5	3	4	2
처리	1	2	2	1	2	1	1	1	1	3	1	2	3	2	2	3	3	2	2	3
d_i	+1	+1	+1	+1	+1	+1	+1	+1	+1	+1	+1	+1	-1	-1	-1	-1	+1	+1	+1	-1

2) 귀무가설 : 살균제 처리 효과는 없다. ($H_0 : \triangle = 0$)

대립가설 : 살균제 처리 효과가 있다. ($H_I : \triangle \neq 0$)

3) 귀무가설이 옳을 경우 $K \geqq 16$일 확률은, $n = 20$이므로 〈식 11. 2〉로부터

$P(K \geqq 16) = 2 \times \Phi[1 - \frac{16 - 10 - 0.5}{\sqrt{20/4}}] = 2 \times [1 - \Phi(2.46)] = 0.0138$이다.

4) 유의수준 5%에서 귀무가설을 기각하고 대립가설을 채택한다.

살균제의 효과는 인정된다.

1.2. 부호-순위 검정

〈사례 11. 2〉는 〈사례 11. 1〉과는 달리 $x_i - y_i$의 절댓값이 대응 개체에 따라 값이 1에서 3까지 상이한 자료이다. 따라서 검정과정에서 단순한 부호만으로 귀무가설을 검정하는 것은 이러한 차이의 변이를 반영하지 못하는 결과를 낳으며 이로 인해 검정의 신뢰도가 낮아질 수 있다. 이러한 문제를 보완하는 검정 방법이 윌콕슨의 부호-순위 검정(Wilcoxon signed-rank test)이다. $D_i = x_i - y_i$라 하고 D_i의 절댓값 크기에 따라 순위를 정하여 양($D_i > 0$)의 순위합(R^+)과 음의 순위합(R^-)을 구하면 귀무가설이 옳을 경우 R^+와 R^-는 동일할 것으로 기대된다는 사실에 토대를 두고 있다. 그러므로 귀무가설이 옳을 때, 즉 $R^+ = R^-$ 일 때, 표본에서 얻어진 R_s^+가 나타날 확률을 계산함으로써 귀무가설을 채택 또는 기각할 수 있다는 것이다.

1.2.1. 소표본에서의 검정

D_i 값이 0이 아닌 표본의 크기가 16개 이하인 소표본에서의 검정은 절댓값이 작은 순위합을 기준으로 **윌콕슨의 검정표(부록 VII)**을 따르는 것이 편리하다.

1.2.2. 정규근사에 의한 검정

D_i 값이 0이 아닌 표본의 크기가 16개 이상인 자료를 토대로 하는 부호-순위 검정은 정규근사법에 따라 R_s^+가 나타날 확률에 근거하게 된다.

두 모집단 간에 차이가 없다면 순위의 기대치($E(R)$)와 분산($V(R)$)은 〈식 11. 3〉과 〈식 11. 4〉와 같이 된다.

〈식 11. 3〉 동일한 순위에 놓인 값이 없을 경우

$$E(R) = n(n+1)/4$$

$$V(R) = (2n+1)E(R)/6 = n(n+1)(2n+1)/24$$

〈식 11. 4〉 동일한 순위에 두 개 이상의 값이 존재하는 경우

$$E(R) = n(n+1)/4$$

$$V(R) = n(n+1)(2n+1)/24 - \sum_{i=1}^{g}(t_i^3 - t_i)/48$$

여기에서 t_i는 동일 순위 i에 놓인 개수,

g는 동일 순위 쌍의 수이다.

정규근사법에 따라서 검정통계량 T는 〈식 11. 5〉와 같이 정의된다.

〈식 11. 5〉 $T = \dfrac{(R_s^+ - E(R)) - 1/2}{\sqrt{V(R)}}$

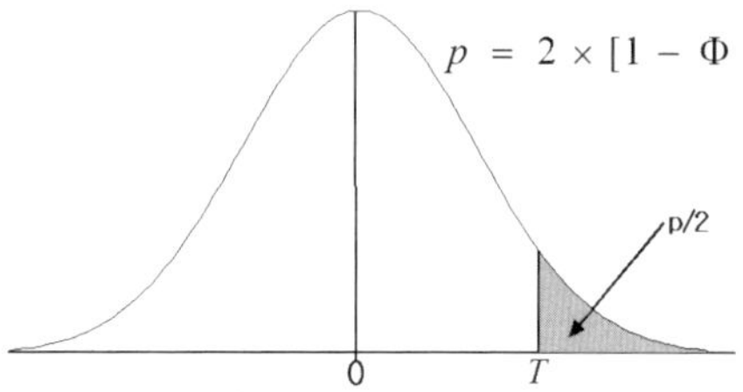

〈그림 11-2〉 표준 정규분포에서의 T와 귀무가설 기각역

귀무가설이 옳다면 정규분포에서 $P(T < z_{1-\alpha/2}) > \alpha$이고 따라서 $T > z_{1-\alpha/2}$이면 유의수준 α에서 귀무가설을 기각하고 대립가설을 채택하게 된다.

1.2.3. 부호-순위 검정 과정

부호순위 검정은 다음과 같은 차례로 수행된다.

1) 귀무가설($\triangle = 0$)과 대립가설($\triangle \neq 0$)을 설정하고 유의수준을 결정한다.

2) D_i를 절댓값의 순서대로 나열하여 0인 값을 제외하고 각 D_i 값에 통합 순위를 부여한다. 동일한 값으로 공동순위를 가질 경우 공동순위의 평균값을 부여한다.

3) $D_i \neq 0$인 수(n)가 16 이하인 소표본에서는 R_s^+ 또는 R_s^- 값을 윌콕슨의 검정표와 비교하여 귀무가설의 기각여부를 결정한다.

   $D_i \neq 0$인 수(n)가 16보다 클 때는 정규근사방법에 따라 검정통계량 T를 구하고 귀무가설이 옳을 때 T의 확률을 정규분포 확률에 따라 추정한다. 확률이 유의수준보다 낮으면 귀무가설을 기각한다.

[예제 11.3] 〈사례 11.2〉에서 살균제의 효과를 부호 검정이 아닌 부호 순위 검정으로 검정해 보라. 유의수준을 5%로 한다.

● 풀이 ●

1) 〈표 11 − 2〉에서부터 D_i를 구하면

살균제	개체																			
	1	2	3	4	5	6	7	8	9	10	11	12	13	14	15	16	17	18	19	20
무처리	3	3	4	2	5	3	3	2	4	4	3	5	2	1	1	2	5	3	4	2
처리	1	2	2	1	2	1	1	1	1	3	1	2	3	2	2	3	3	2	2	3
D_i	2	1	2	1	3	2	2	1	3	1	2	3	-1	-1	-1	-1	2	1	1	-1
R	14.5	6	14.5	6	19	14.5	14.5	6	19	6	14.5	19	-6	-6	-6	-6	14.5	6	6	-6

2) 귀무가설 : 살균제 처리 효과는 없다. ($H_0 : \triangle = 0$)

   대립가설 : 살균제 처리 효과가 있다. ($H_1 : \triangle \neq 0$)

3) 표에서부터 $R_s^+ = 180$,

〈식 11. 3〉에서부터 $E(R) = \frac{20 \times 21}{4} = 105$,

〈식 11. 4〉에서부터

$$V(R) = \frac{20 \times 21 \times 41}{24} - \frac{(11^3 - 11) + (6^3 - 6) + (3^3 - 3)}{48} = 682.13,$$

그러므로 $T = \frac{(180 - 105) - 0.5}{\sqrt{685.13}} = \frac{74.5}{26.17} = 2.85$ 이다.

4) 귀무가설이 옳을 경우 정규분포에서 $P(T > 2.85) < P(Z > 1.96) = 0.05$이므로 귀무가설을 기각한다. 대립가설을 채택하고 살균제의 효과가 있다고 판단한다.

2. 두 모집단 간 비교 : 독립된 표본

앞에서의 부호검정이나 부호 순위 검정은 질적 자료이면서 대응된 자료를 토대로 하는 두 모집단 간의 차이를 비교하는 비모수적 방법이다. 그러나 독립적으로 얻어진(추출된) 두 표본을 토대로 하여 두 모집단 간의 차이를 검정해야 하는 경우에도 비모수 방법을 사용하여야 하는 자료가 많다. 〈사례 11. 3〉은 그 한 예이다.

〉〉〉 사례 11.3

저장곡물에 감염된 곰팡이 종이 쌀바구미의 증식력에 영향을 미친다는 가설을 검정하고자 실험을 수행하였다. 18개 비커에 살균된 현미 800g을 넣고, 그중 임의로 선택된 비커 9개에는 *Aspergillus candidus*를 접종하였다. 각 비커에 무균처리한 5쌍의 쌀바구미를 접종하여 75일 후에 쌀바구미 성충수를 계수하여 〈표 11-3〉을 얻었다.

〈표 11-3〉 저장곰팡이 접종구와 무접종구에서의 현미 중 쌀바구미 성충 수

살균현미	181	524	838	0	774	1538	1067	48	668
곰팡이접종	372	142	0	123	131	554	1124	636	0

이 자료는 두 가지 처리별로 9회 반복되어 조사된 결과이며 〈사례 11. 1〉이나 〈사례 11. 2〉처럼 두 처리가 서로 대응되어 있지 않다. 각각의 반복은 동일 처리내 타 반복과 독립적이며 동시에 타 처리와도 독립적인 조사 자료이다. 따라서 대응된 쌍에서처럼 $d_i = x_i - y_i$를 정의할 수 없고 부호 또는 부호 순위 검정을 수행할 수가 없다. 처리내 변이도 커서 모집단이 정규분포를 할 것이라는 가정도 신뢰할 수가 없다. 이렇게 독립적인 자료이면서 비모수 검정을 해야 하는 경우 대응된 자료에서의 방법과는 다른 가정을 토대로 할 수밖에 없다.

만일 우리가 이 자료를 처리에 관계없이 크기 순으로 배열하고 각 관측치에 순위를 부여한다면 각 처리별 관측치의 순위 합을 계산할 수 있다. 그리고 비교하고자 하는 두 처리가 차이가 없다면 각 처리별 순위 합은 동일할 것으로 기대할 수 있다. 따라서 비교 대상인 두 처리 순위의 중앙값(median) 이 같을 것이며 이를 기준으로 두 모집단의 차이 여부를 검정할 수 있다. **자료를 처리에 관계없이 통합하고 통합된 자료의 각 관측치에 순위를 부여하고, 한 그룹의 순위합(R_1)을 구하여 그를 토대로 가설을 검정하는 방법을 순위합 검정(Wilcoxon Rank-Sum Test)이라고 한다. 이 검정방법은 맨-휘트니 검정(Mann-Whitney U test)**으로도 알려져 있다.

2.1. 윌콕슨의 순위합 검정(맨-휘트니 검정)

2.1.1. 소표본에서의 검정

검정통계량인 한 그룹의 순위합(R_1) 차이의 유의성 여부는 순위합이 작은 처리를 기준으로 순위합 검정표에 근거하여 검정할 수 있다(**부록 VII**).

2.1.2. 정규근사법에 의한 검정

두 처리 중 순위 합이 작은 처리의 표본 크기가 10 이상이며 변수가 양적

변수인 경우 순위 합의 분포는 정규분포에 접근한다. 이 두 가지 가정이 충족되는 경우에는 정규근사법에 따라 귀무가설을 검정할 수 있다.

두 처리 간 차이가 없을 경우 두 처리의 관측치를 통합한 통합 자료에서의 각 관측치 순위의 기대치는 $(1+n_1+n_2)/2$이다.

그러므로 처리 1과 처리 2의 순위합의 기대치($E(R)$)는 각각 〈식 11. 4〉와 같다.

〈식 11. 4〉 $E(R_1) = n_1 \times \dfrac{(n_1+n_2+1)}{2}$,

$$E(R_2) = n_2 \times \frac{(n_1+n_2+1)}{2}$$

순위합의 분산($V(R)$)은 〈식 11. 5〉와 같다.

〈식 11. 5〉 $V(R) = n_1 n_2/12 \times \left([n_1+n_2+1-\dfrac{\sum_{i=1}^{k} t_i(t_i^2-1)}{(n_1+n_2)(n_1+n_2-1)}] \right)$

(t_i는 순위 i를 공유하는 관측치의 수, k는 공유 쌍의 수이다.)

그러므로 검정통계량 T는 〈식 11. 6〉과 같이 정의된다.

〈식 11. 6〉 $T = \dfrac{(\,|\,R_1 - E(R_1)\,|\, - 0.5)}{\sqrt{V(R)}}$

2.2. 순위합 검정 과정

순위합 검정은 다음과 같은 차례로 수행된다.

1) 귀무가설(순위중앙값$_A$ = 순위중앙값$_B$)과 대립가설(순위중앙값$_A \neq$ 순위중앙값$_B$)을 설정하고 유의수준을 결정한다.
2) 두 표본의 자료를 통합하여 각 자료 값에 통합 순위를 부여한다. 순위를 부여할 때 0인 값은 제외한다. 동일한 값으로 공동순위를 가질 경우 공동순위의 평균값을 부여한다.

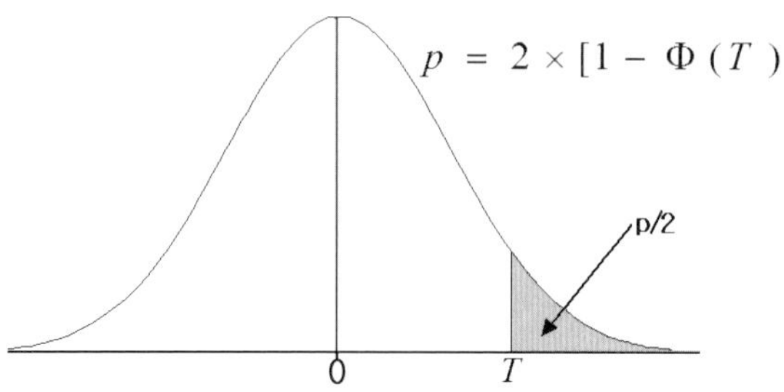

〈그림 11-3〉 순위 합 검정에서의 귀무가설 기각역

3) 각 그룹의 순위합을 구하고 순위합이 작은 그룹을 기준으로 윌콕슨의 순위합 검정표에 의거하여 귀무가설의 확률을 판정한다. 정규근사법에 의한 확률추정이 가능한 경우($n_A \geq n_B \geq 10$) 정규근사법에 의해 확률을 추정하여 귀무가설을 검정한다.

[예제 11.4] 〈사례 11.3〉에서 곰팡이 접종이 쌀바구미의 성충 수에 영향을 주었는지를 검정해 보라. 유의수준은 5%로 한다.

● 풀이 ●

1) 〈표 11 − 3〉의 자료를 순위별로 정리하고 순위 합을 구하면 표와 같다.

반복	1	2	3	4	5	6	7	8	9	합
살균현미	8	10	15	2	14	18	16	4	13	100
곰팡이접종	9	7	2	5	6	11	17	12	2	71

살균현미에서의 순위합은 100, 곰팡이 접종에서의 순위합은 71이다.

2) 귀무가설 : 곰팡이는 쌀바구미 증식(增殖)에 영향을 주지 않는다.
두 처리 순위의 중앙값은 같다. ($H_0 : Me(R_1) = Me(R_2)$)
대립가설 : 곰팡이는 쌀바구미 증식에 영향을 준다.
두 처리 순위의 중앙값은 같지 않다. ($H_1 : Me(R_1) \neq Me(R_2)$)

3) 표(부표 Ⅶ)에서 $n_1 = 9$, $n_2 = 9$일 때 귀무가설 채택역은 62-109이므로 귀무가설을 채택한다. 그러므로 곰팡이가 쌀바구미의 증식에 영향을 준다고 할 수 없다고 판단한다.

[예제 11.5] 서로 다른 지형 조건을 가진 두 호수의 염기도의 차이가 있는지를 보기 위하여 각 호소 10개 지점에서 염기도(mg/l)를 측정하였다. 〈표 11-4〉는 그 결과이다. 순위합 검정 방법으로 두 호소의 염기도에 차이가 있는지를 검정하라. 유의수준은 5%로 한다.

〈표 11-4〉 호수 갑과 을 각 10개 장소에서의 염기도

갑	102	116	122	112	104	98	118	119	116	105
을	108	117	115	120	105	119	113	101	114	118

● **풀이** ●

1) 귀무가설 : 호수 갑과 을은 염기도에서 차이가 없다.
두 호수 염기도 순위의 중앙값은 같다. $(H_0 : Me(R_1) = Me(R_2))$

대립가설 : 호수 갑과 을은 염기도에서 차이가 있다.
두 호수 염기도 순위의 중앙값은 같지 않다.
$(H_1 : Me(R_1) \neq Me(R_2))$

2) 〈표 11-4〉에서 순위와 순위 합을 구하면

갑	3	12.5	20	8	4	1	15.5	17.5	12.5	5.5	99.5
을	7	14	11	19	5.5	17.5	9	2	10	15.5	110.5

3) $n_1 = n_2 = 10$이므로 정규근사법으로 차이를 검정할 수 있다.
〈식 11.4〉로부터 $E(R_1) = 10 \times \frac{(10+10+1)}{2} = 105$,
〈식 11.5〉로부터 $V(R) = \frac{10 \times 10}{12} \times [(10+10+1) - \frac{(2 \times 3) \times 4}{10 \times 19}] = 8.33 \times 20.87 = 173.95$이므로 검정통계량 T는 $T = \frac{(|99.5 - 105| - 0.5)}{\sqrt{173.95}} = 0.38$이다.

그런데 $P(T>0.38)>0.05=P(Z=1.96)$이므로 귀무가설이 옳을 때 T가 0.38보다 클 확률은 5%보다 크다.

4) 귀무가설을 채택하고 두 호수 간 염기도에서 차이가 없다고 판단한다.

3. 다수 표본 평균 간의 비교

셋 이상 다수의 모집단에 대한 귀무가설 검정은 분산분석으로 한다는 사실은 이미 설명하였다. 그런데 $t-$검정에서와 마찬가지로 분산분석도 1) 표본이 추출된 모집단이 정규분포를 하고, 2) 검정 대상 모집단들의 분산이 동일하다는 가정이 충족되는 양적 자료에서 가능한 방법이다. 그러나 양적 자료가 아닌 질적 자료를 토대로 가설을 검정해야 하거나, **분산분석의 가정이 충족되지 않을 것으로 추정되는 자료를 토대로 검정해야 하는 경우가 많다.** 다음 사례를 보자.

〉〉〉 사례 11.4

생육온도가 물고기의 고온치사온도역치(critical thermal temperature)에 영향을 주는지를 알기 위하여 세 가지 온도조건에서 물고기를 기른 후 최고치사온도역치를 조사하였다. 〈표 11-5〉는 그 결과이다.

〈표 11-5〉 물고기의 생육 온도 조건이 고온치사역치에 미치는 영향

	1	2	3	4	5	6	7	8	9	10	평균	분산
저온	32.0	27.9	28.5	34	29.5	28.9	26.0	28.1	27.8	27.2	34.64	0.88
온난	33.2	33.0	34.4	32.5	30.9	33.6	30.9	30.7	32.9	29.8	32.19	2.27
고온	36.1	35.6	35.5	34.8	34.7	34.6	33.8	33.5	33.2	34.6	28.99	5.58

〈표 11-5〉는 일원분산분석의 대상이 되는 전형적인 자료이다. 그러나 온

도에 따라 분산이 0.88에서 5.58까지 차이가 나며 이로 미루어 세 처리의 분산이 서로 같다고 보기가 어렵다. 실제로 바틀릿 검정 결과 $\chi^2 = 6.82$로 세 처리의 분산 동일성이 기각되었다. 따라서 이 자료를 토대로 한 생육온도와 고온치사역치 간의 관계를 분산분석을 통해서 검정하기가 어렵다. 다시 말해서 비모수 방법으로 검정하는 것이 오히려 바람직하다는 것이다.

모수 검정이 어려운 다수 모집단 간의 차이를 검정하는 비모수 방법으로 크루스칼-월리스 검정(Kruskal-Wallis Test)이 많이 쓰인다.

3.1. 크루스칼-월리스 검정

크루스칼-월리스 검정 역시 각 처리의 관측치들의 순위를 토대로 검정하는 방법이다. 모든 관측치를 처리에 관계없이 통합하여 전체 순위를 부여하고, 이를 다시 원 그룹으로 복귀시키면 각 처리에서의 평균순위($\overline{R_i}$)를 얻을 수 있다. 각 처리 간에 차이가 없다면 각 처리에서의 평균순위는 동일할 것으로 기대된다. 그러므로 각 처리의 평균순위가 같다고 할 수 있는가를 검정함으로써 "모집단 간에 차이가 없다"는 귀무가설을 검정할 수 있게 된다.

관측값이 가장 적은 처리의 관측치 수가 5 이상이 될 때, 크루스칼-월리스의 검정통계량 H는 〈식 11.6〉과 같이 정의되며 자유도 $k-1$인 χ^2 분포에 근접하는 분포를 보이므로 귀무가설이 옳을 때 추정된 H 값이 나타날 확률을 추정함으로써 가설을 검정하게 된다.

〈식 11.6〉

$$H = \frac{\dfrac{12}{N(N+1)} \times \sum_{i=1}^{K} \dfrac{R_i^2}{n_i} - 3(N+1)}{1 - \dfrac{\sum_{j=1}^{g} (t_j^3 - t_j)}{N^3 - N}}$$

여기에서 N은 전체 관측치 수, R_i는 i번째 처리의 순위합,

t_j는 j번째 공유 쌍의 순위 공유 관측치 수, g는 순위 공유쌍 수이다.

3.2. 크루스칼-월리스 검정 과정

검정은 다음과 같은 차례로 수행된다.

1) 귀무가설 (H_0: $\sum_{i=1}^{K}(\overline{R_i.} - \overline{R..})^2 = 0$) 과

   대립가설 (H_i: $\sum_{i=1}^{K}(\overline{R_i.} - \overline{R..})^2 \neq 0$) 을 설정하고

   유의수준을 결정한다.

2) 전체 관측값을 통합하여 순서대로 나열하여 통합 순위를 부여한다. 동일한 값으로 공동순위를 가지는 관측치들의 경우 공동순위의 평균값을 부여한다.

3) 각 처리의 순위합을 구하고 검정통계량 H를 구한다.

4) H와 $\chi^2_{\alpha,(t-1)}$ 을 비교하여 귀무가설을 검정한다

   (1) $H < \chi^2_{\alpha,(t-1)}$ 이면 귀무가설을 채택한다.

   (2) $H > \chi^2_{\alpha,(t-1)}$ 이면 귀무가설을 기각한다.

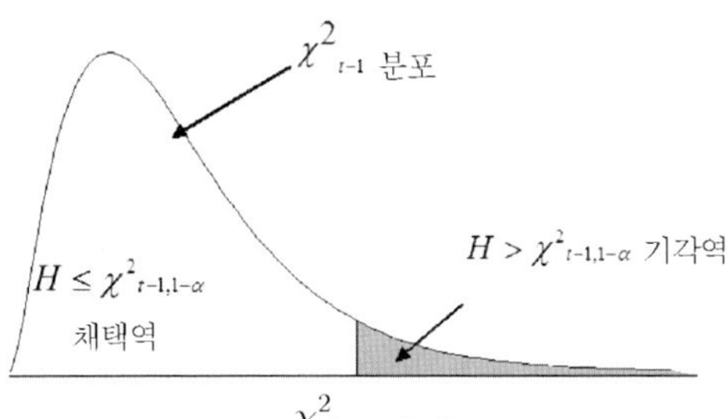

〈그림 11-4〉 크루스칼-월리스 검정에서의 귀무가설 기각역

[예제 11.6] 〈사례 11.5〉를 토대로 물고기의 생육 온도 조건이 고온치사역치에 영향을 주는지를 검정하라. 유의수준은 5%로 한다.

● 풀이 ●

1) 귀무가설 : 생육온도는 고온치사역치에 영향을 주지 않는다.

$$(H_0: \sum_{i=1}^{K}(\overline{R_i.} - \overline{R..})^2 = 0)$$

대립가설 : 생육온도는 고온치사역치에 영향을 준다.

$$(H_1: \sum_{i=1}^{K}(\overline{R_i.} - \overline{R..})^2 \neq 0)$$

2) 〈표 11 – 5〉에서부터 각 관측치의 순위를 구하고 정리하면

	1	2	3	4	5	6	7	8	9	10	합	평균
저온	13	4	6	22	8	7	1	5	3	2	71.0	7.10
온난	17.5	16	23	14	11.5	20	11.5	10	15	9	147.5	14.75
고온	30	29	28	27	26	24.5	21	19	17.5	24.5	246.5	24.65

3) 검정 통계량 H는

$$H = \frac{\frac{12}{N(N+1)} \times \sum_{i=1}^{K} \frac{R_i^2}{n_i} - 3(N+1)}{1 - \frac{\sum_{j=1}^{g}(t_j^3 - t_j)}{N^3 - N}} = \frac{0.013 \times 8755.95 - 93}{1 - \frac{21}{26970}} = \frac{19.98}{0.9992} = 20.00$$

그런데 $\chi^2_{0.05,2} = 5.991$이므로 귀무가설이 옳을 때 $P(H \geq 20.00) < 0.05$ 이다.

4) 귀무가설을 기각하고 생육온도는 고온치사역치에 영향을 준다고 판단한다.

제12장 범주 자료의 검정

〈사례 12.1〉, 〈사례 12.2〉, 〈사례 12.3〉과 같이 **선험적으로 설정된 범주와 그 범주에 속하는 요소들을 계수한 자료를 범주 자료(範疇 資料 : categorical data)라고 한다. 범주 자료는 주로 1) 둘 혹은 그 이상의 요인들이 서로 연관되어 있는가 아니면 독립적으로 작용하는 것인가 하는 요인 간의 독립성 여부에 대한 문제와, 2) 선험적 가설에 의하여 예측된 결과와 실제 관측 결과가 일치하는지의 여부, 즉 선험적 가설의 적합도(適合度 : fitness)를 검정하기 위한 실험에서 많이 나타나는 자료 형태이다.** 이러한 자료는 앞 장에서 설명된 모집단의 정규분포를 가정할 수 없는 자료이거나 순위를 결정할 수 없는 단순한 자료이므로 모수 또는 비모수 방법을 통한 가설 검정을 수행할 수 없다. 이 장에서는 이러한 범주자료를 토대로 χ^2 분포를 이용하는 χ^2 검정에 대해서 설명하도록 한다.

〉〉〉 사례 12.1

"흡연이 폐암을 유발한다"는 가설을 검정하기 위해서 서울시에 거주하는 남자들 중 비환자 100명과 폐암 환자 30명을 임의로 선택하고 흡연 여부를 조사하여 흡연자이면서 환자, 흡연자이면서 비환자, 비흡연자이면서 환자,

비흡연자이면서 비환자의 네 범주로 나누고 각 범주에 속하는 남자들을 계수하였다.

〉〉〉 사례 12.2

"거주 지역에 따라 사람의 혈액형 빈도에 차이가 있다"는 가설을 검정하기 위해서 세 대륙에 거주하는 동일 계통의 사람들을 대상으로 혈액형을 조사하여 혈액형(A, B, O, AB)별로 계수된 자료를 얻었다.

〉〉〉 사례 12.3

"초파리의 특정 유전형질이 멘델의 유전 법칙에 따른다"는 가설을 검정하기 위해서 대립 형질을 가진 부모들을 교배하여 얻은 차대 자손들의 형질의 빈도를 조사하였다.

〉〉〉 사례 12.4

"유전자 변환 곡물을 가공한 식품은 소비자의 기피를 초래한다"는 가설을 검정하기 위해서 그 식품을 소비하는 500명의 소비자들에게 기피 여부를 묻는 설문 조사를 하였다.

〉〉〉 사례 12.5

기주 영양 모형(host quality model)은 기생자가 기주의 질을 감안하여 자손의 성(性, sex)을 결정한다는 이론 모형이다. 쌀바구미의 노숙 유충과 어린 유충을 기생봉인 쌀바구미좀벌에 제공하여 차대 기생봉 개체들의 성의 빈도를 기록하였다.

1. 독립성의 검정 I : 이중분할표

〈사례 12. 1〉은 각각 두 가지 범주(환자, 비환자 ; 흡연자, 비흡연자)를 가진 두 변수(흡연, 폐암)에 대한 범주 자료이며 특히 한 사람의 피조사자로부터 두 변수(환자 여부, 흡연 여부)의 관측치를 계수한 대응 자료라고 할 수 있다.

일반적으로 이러한 형태의 자료는 〈표 12-1〉처럼 이중분할표로 나타난다.

〈표 12-1〉 이중 분할표의 일반 형

		요인 II		요인 I 합
		A	B	
요인 I	C	x_{AC}	x_{BC}	$x_{C\cdot}$
	D	x_{AD}	x_{BD}	$x_{D\cdot}$
요인 II 합		$x_{A\cdot}$	$x_{B\cdot}$	$x_{\cdot\cdot}$

각 방(cell)의 값 x_{AC}, x_{BC}, x_{AD}, x_{BD}는 각각 범주 A에 속하면서 범주 C에 속하는 도수, 범주 B에 속하면서 범주 C에 속하는 도수 등이다. $x_{A\cdot}$, $x_{B\cdot}$, $x_{C\cdot}$, $x_{D\cdot}$, $x_{\cdot\cdot}$은 각각 범주 A의 도수 합, 범주 B의 도수 합, 범주 C의 도수 합, 범주 D의 도수 합, 그리고 전체 도수이다.

이렇게 두 요인 'I' 과 'II'의 각 범주를 분류하고 계수하여 작성된 표를 이중분할표(二重分割表 : 2×2 contingency table)라고 한다. 이중분할표는 두 요인의 작용이 서로 독립적인지의 여부를 검정하는 실험 결과에서 많이 나타나는 자료형이다. 두 요인이 서로 독립적이라고 하면 분할표 각 방에서의 상대빈도는 두 요인의 작용이 나타나는 확률의 곱으로 나타날 것이므로 두 요인의 작용이 독립적인 경우 각 방의 상대빈도와 절대빈도(이론빈도)를 〈식 12. 1〉에 따라 계산할 수 있다.

〈식 12. 1〉

$$E(x_{AC}) = x_{..} \times P(AC) = x_{..} \times P(A)P(C) = x_{..} \times \frac{x_{A..}}{x_{..}} \times \frac{x_{.C}}{x_{..}}$$

$$E(x_{BC)} = x_{..} \times P(BC) = x_{..} \times P(B)P(C) = x_{..} \times \frac{x_{B.}}{x_{..}} \times \frac{x_{.C}}{x_{..}}$$

$$E(x_{AD)} = x_{..} \times P(AD) = x_{..} \times P(A)P(D) = x_{..} \times \frac{x_{A.}}{x_{..}} \times \frac{x_{.x..}}{x_{..}}$$

$$E(x_{BD)} = x_{..} \times P(BD) = x_{..} \times P(B)P(D) = x_{..} \times \frac{x_{B.}}{x_{..}} \times \frac{x_{.D}}{x_{..}}$$

두 요인의 작용이 서로 독립적이라는 귀무가설이 옳다면 이론치와 관측치는 유사할 것이며 따라서 실험 결과 관측치가 나타날 확률을 추정함으로써 귀무가설을 검정할 수 있다.

변수 χ^2를 〈식 12. 2〉와 같이 정의하면,

〈식 12. 2〉 $$\chi^2 = \Sigma\left(\frac{(|(E_{ij} - O_{ij})| - 0.5)^2}{E_{ij}}\right)$$

X^2는 E_{ij}의 최하 값이 5 이상인 때, 근사적으로 자유도가 1인 X^2 분포를 하는 것이 알려져 있다. E_{ij}와 O_{ij}는 각각 ij 방의 이론빈도와 관측빈도이며 0. 5를 감하는 것은 분포를 연속화하고자 하는 것으로 **예이츠의 보정(補正 : Yate's correction)**이라고 한다. 이 사실은 실험 결과 나타나는 빈도의 확률을 χ^2-분포에 따라 추정할 수 있음을 의미하는 것이다.

1.1. 이중 분할표에 의한 독립성 검정 과정

1) 가설 설정

귀무가설 : 두 요인은 서로 독립적이다.

대립가설 : 두 요인은 서로 연관이 있다.

2) 〈식 12. 1〉에 따라 귀무가설이 옳은 경우의 이론치를 계산한다.

3) 〈식 12. 2〉에 따라 검정통계량 χ^2을 계산한다.

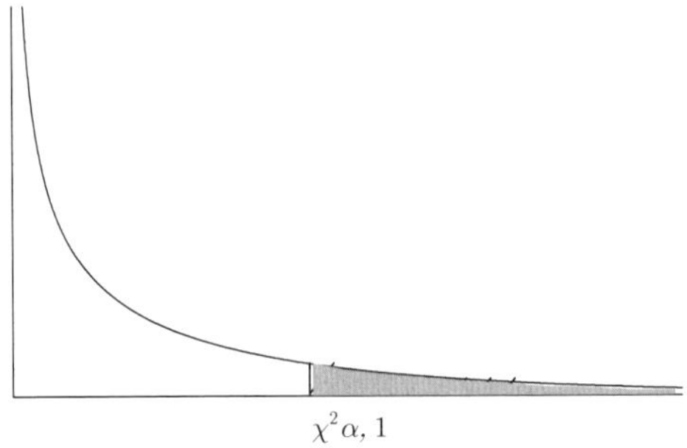

〈그림 12-1〉 이중분할표에서의 귀무가설 기각역

4) 귀무가설이 옳을 때 계산된 검정통계량 값이 χ^2이 될 확률을 추정하고 유의수준과 비교하여 귀무가설의 기각 여부를 결정한다.

[예제 12.1] 어떤 치명적인 전염병의 백신을 제조하여 그 효과를 검정하고자 하였다. 실험쥐 200마리를 임의로 선택하여 100마리씩 두 그룹으로 나누고 한 그룹에는 백신을 투여하고 다른 그룹에는 가짜백신을 투여하였다. 일정 시간 후에 두 그룹에서 감염 여부를 조사하여 다음 결과를 얻었다고 하자. 백신의 효과가 있다고 말할 수 있는가? 유의수준 5%에서 검정하라.

		감염 여부		합
		건강	감염	
백신 처리	백신 접종	75	25	100
	가짜 접종	34	66	100
합		109	91	200

● 풀이 ●

1) 가설 설정

귀무가설 : 백신의 효과는 없다(감염 여부는 백신의 접종과 관계가 없다).

H_0: $P($건강$\cap$백신접종$) = P($건강$) \times P($백신접종$)$

대립가설 : 백신의 효과가 있다(감염 여부는 백신의 접종과 관계가 있다).

H_1: $P($건강$\cap$백신접종$) \neq P($건강$) \times P($백신접종$)$

2) 귀무가설에 따른 이론치 계산

$$E(\text{건강, 백신 접종}) = 200 \times \frac{109}{200} \times \frac{100}{200} = 54.5$$

$$E(\text{감염, 백신 접종}) = 200 \times \frac{91}{200} \times \frac{100}{200} = 45.5$$

$$E(\text{건강, 가짜 접종}) = 200 \times \frac{109}{200} \times \frac{100}{200} = 54.5$$

$$E(\text{감염, 가짜 접종}) = 200 \times \frac{91}{200} \times \frac{100}{200} = 45.5$$

3) 검정통계량 χ^2 은 〈식 11. 2〉에 의하여

$$\chi^2 = \frac{(|54.5-75|-0.5)^2}{54.5} + \frac{(|45.5-25|-0.5)^2}{45.5} + \frac{(|54.5-34|-0.5)^2}{54.5} + \frac{(|45.5-66|-0.5)^2}{45.5} = 32.26$$

4) 그런데 $\chi^2_{0.05,1} = 3.841$이므로 $P(\chi^2 > 32.26) < 0.05$이다.

5) 귀무가설을 기각하고 대립가설을 채택하여 백신의 효과가 있다고 판단한다.

1.2. 피셔(Fisher)의 정검정

표본의 크기가 실험의 성격에 따라서 작을 수 밖에 없는 경우가 있다. 이중분할표로 작성된 자료의 총 빈도가 작을 경우 각 방의 기대빈도(이론치) 도 작아져서 그 값이 5 미만인 방이 나타날 수 있다. 이런 자료는 〈식 12. 2〉에서 정의된 χ^2가 χ^2 분포와는 차이를 보이기 때문에 χ^2- 검정에 따라 가설을 검정할 경우 검정의 신뢰도가 낮아진다. 일반적으로 이러한 문제는 표본의 크기를 증가시킴으로써 교정할 수 있다. 그러나 표본의 크기를 더 이상 크게 하는 것이 불가능한 경우에는 얻어진 자료를 바탕으로 가설을 검정할 수밖에 없다.

소표본이면서 χ^2- 검정의 전제 조건이 충족되지 않는 범주자료의 경우 χ^2-

검정 대신에 **피셔의 정검정(正檢定 : Fisher's exact test)** 방법을 사용할 수 있다.

두 요인 각각의 빈도와 총 빈도가 고정되어 있다면 "두 요인은 서로 독립적이다"는 귀무가설이 옳을 경우 이중분할표에서 특정의 도수 분포〈그림 12－1〉가 나타날 확률(P)은 〈식 12. 3〉과 같다.

〈식 12. 3〉 $$P = \frac{x_{A.}!x_{B.}!x_{.C}!x_{.D}!}{x_{..}!x_{AC}!x_{AD}!x_{BC}!x_{BD}!}$$

〈식 12. 3〉에 따라 가장 낮은 빈도가 나타날 확률을 추정하여 귀무가설을 검정하는 방법을 피셔의 정검정(exact test) 방법이라 한다.

[예제 12.2] 다음의 이중분할표의 예를 가지고 이 방법을 알아보기로 한다.

검정의 유의수준은 역시 5%로 한다.

〈표 12－2〉 소표본에서의 이중분할표 자료의 예

		요인 '가'		합
		A	A′	
요인 '나'	C	2(2.4)	7(6.6)	9(9)
	C′	2(1.6)	4(4.4)	6(6)
합		4(4)	11(11)	15(15)

괄호 안의 수치는 기댓값이다.

● 풀이 ●

〈표 12－2〉에서 보인 바와 같이 기대도수가 5 이하인 방이 3개가 있다. 그러므로 χ^2 검정을 할 수가 없다. 피셔의 정검정으로 검정하기로 한다.

1) 귀무가설 : "요인 '가'와 요인 '나'가 서로 독립적이다."

대립가설 : "요인 '가'와 요인 '나'는 서로 독립적이 아니다."

2) 귀무가설이 옳다면 관측된 도수분포가 나타날 확률(P_o)는

$$P_o = \frac{9!6!4!11!}{15!2!4!2!7!} = 0.3956$$

관측된 분포보다 방의 기댓값이 낮아질 확률(P_1)은 최소도수가 1일 때와 0일 때이다.

$$P_1 = \frac{9!6!4!11!}{15!3!6!1!5!} + \frac{9!6!4!11!}{15!4!5!0!6!} = 0.4615$$

귀무가설이 옳을 때 최소관측도수 이하가 나타날 확률(P)은

$P = P_o + P_1 = 0.3956 + 0.4615 = 0.8571$이다.

따라서 유의수준을 5%로 할 때 귀무가설을 기각하지 못한다. 즉 두 요인은 서로 독립적이라고 판단한다.

2. 독립성 검정 II : $R \times C$ 분할표

생물학적 연구에서 많이 수행되는 관측 또는 실험은 두 가지 변수가 서로 독립적인지 아니면 연관되어 있는 것인지를 조사하는 과정에서 두 변수에 두 가지 범주만이 아니라 세 개 이상의 범주를 생각해야 하는 때가 많다. 〈사례 12.2〉는 이의 대표적인 사례이다. 혈액형을 ABO식으로 조사하는 경우 혈액형의 범주는 A, B, O, AB의 네 가지이며 아시아 지역의 세 민족 간의 빈도에 관심이 있는 경우 민족에서 세 범주가 나타난다. 이렇게 R개의 범주를 가진 요인과 C개의 범주를 가진 두 요인 간의 관계를 정리한 범주 자료는 $R \times C$ 분할표로 나타난다.

$R \times C$분할표에 토대를 둔 독립성 검정은 2×2 분할표와 같이 χ^2를 변수로 하는 χ^2- 검정이지만, χ^2 값 추정에 예이츠의 보정은 필요하지 않으며(〈식 12.2〉), χ^2는 자유도 $(R-1)(C-1)$인 χ^2 분포를 한다.

〈식 12.4〉 $\chi^2 = \Sigma\left(\frac{(|(E_{ij} - O_{ij})|)^2}{E_{ij}}\right)$

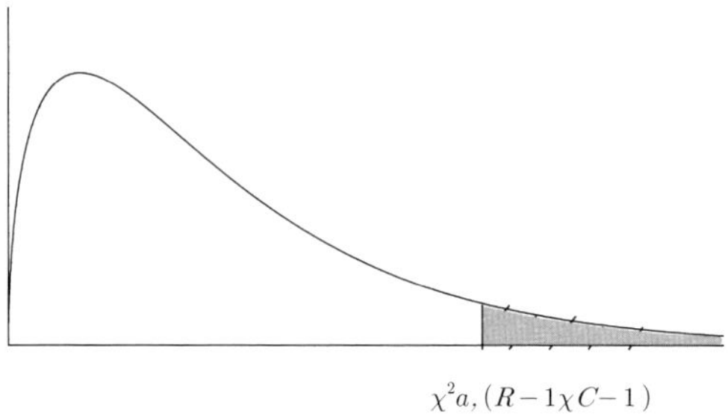

〈그림 12-2〉 $R\times C$ 분할표에서의 귀무가설 기각역

[예제 12.3] "거주 지역에 따라 혈액형의 빈도에 차이가 있다"는 가설을 검정하기 위해서 세 대륙에 거주하는 동일 민족의 사람들을 대상으로 혈액형(A, B, O, AB)을 조사하여 〈표 12-1〉을 얻었다. 이를 토대로 가설을 검정하라. 유의수준은 5%로 한다.

〈표 12-1〉 세 대륙에 거주하는 동일 민족 사람들의 혈액형 빈도

	O	A	B	AB	합
가	200	215	60	25	500
나	194	207	60	15	476
다	189	185	45	31	450
합	583	607	165	71	1426

● 풀이 ●

1) 가설 설정

귀무가설 : 거주 지역과 혈액형 빈도는 독립적이다(혈액형 빈도는 거주지역과 관계가 없다).

〔H_0: P(지역∩혈액형) = P(지역) × P(혈액형)〕

대립가설 : 거주 지역과 혈액형 빈도는 독립적이 아니다(혈액형 빈도는 거주 지역과 관계가 있다).

〔H_1: P(지역∩혈액형) ≠ P(생존) × P(백신접종)〕

2) 귀무가설에 따른 이론치 계산

$$E(O, \text{가}) = 1426 \times \frac{583}{1426} \times \frac{500}{1426} = 204.4$$

$$E(A, \text{가}) = 1426 \times \frac{500}{1426} \times \frac{607}{1426} = 212.8$$

$$E(B, \text{가}) = 1426 \times \frac{165}{1426} \times \frac{500}{1426} = 57.9$$

$$E(AB, \text{가}) = 1426 \times \frac{71}{1426} \times \frac{500}{1426} = 24.9$$

$$E(O, \text{나}) = 1426 \times \frac{583}{1426} \times \frac{476}{1426} = 194.6$$

$$E(A, \text{나}) = 1426 \times \frac{607}{1426} \times \frac{476}{1426} = 202.6$$

$$E(B, \text{나}) = 1426 \times \frac{165}{1426} \times \frac{476}{1426} = 55.1$$

$$E(AB, \text{나}) = 1426 \times \frac{71}{1426} \times \frac{476}{1426} = 57.9$$

$$E(O, \text{다}) = 1426 \times \frac{583}{1426} \times \frac{450}{1426} = 184.0$$

$$E(A, \text{다}) = 1426 \times \frac{607}{1426} \times \frac{450}{1426} = 191.6$$

$$E(B, \text{다}) = 1426 \times \frac{165}{1426} \times \frac{450}{1426} = 52.0$$

$$E(AB, \text{다}) = 1426 \times \frac{71}{1426} \times \frac{450}{1426} = 22.4$$

3) 검정통계량 χ^2은 〈식 12. 4〉에 의하여

$$\chi^2 = \frac{(204.4-200)^2}{204.4} + \frac{(212.8-215)^2}{212.8} + \frac{(57.9-60)^2}{57.9} + \cdot\cdot\cdot + \frac{(191.6-185)^2}{191.6} + \frac{(52.0-45)^2}{52.0} + \frac{(22.4-31)^2}{22.4} = 8.53$$

4) $\chi^2_{0.05,6} = 12.59$이므로 $P(\chi^2 > 8.53) > 0.05$ 이다.

5) 귀무가설을 기각하지 못한다. 거주 지역과 혈액형의 빈도 간에는 관계가 없다고 판단한다.

3. 적합도 검정

생물학의 가설 또는 이론 모델들은 실험을 통하여 결과를 얻기 전에 그 결과를 예측할 수 있게 한다. 멘델의 유전 법칙, 유전적 메커니즘에 의한 질병의 출현, 개체군의 성비(性比)에 대한 국지교미경쟁이론 또는 기주영양모형(host quality model)와 생물의 공간적 분포형은 대표적인 예이다. 생물의 공간적 분포는 그 생물 종의 생리 생태적 특성을 나타내는 지표이므로 대상 생물 종의 공간적 분포에 대한 검토는 그 생물 종의 생태를 이해하는 첫 걸음이다. 이렇게 **선험적인 이론을 통하여 예측되는 결과와 실제 실험 결과가 잘 맞는지를 검토하여 어떤 생물적 현상을 설명하는 이론의 적합도를 검정하는 방법을 적합도 검정(適合度檢定 : fitness test)**이라고 한다.

적합도 검정은 이론치와 실제 관측값 사이에 얼마나 차이가 나는가를 검토하는 것이므로 그 검정도 독립성 검정에서와 마찬가지로 정의된 (〈식 12.2〉, 〈식 12.4〉) 변수 χ^2의 확률분포를 이용하는 χ^2 검정 방법을 사용하게 된다. 독립성 검정에서와 마찬가지로 3개 이상의 범주가 대상이 될 때는 예이츠의 보정이 필요없다(〈식 12.4〉). 최소 이론치가 5 이상이어야 한다는 것은 독립성 검정에서와 마찬가지이나 χ^2 분포의 자유도가 독립성 검정의 자유도인 $(R-1)(C-1)$이 아니라 이론치와 관측치 대응쌍의 수 n에서 1을 뺀 $n-1$이라는 점을 주의하여야 한다. 또한 적합도 검정을 위해서는 귀무가설이 성립하는 선험적인 이론치를 실험 또는 조사 전에 추정할 수 있어야 한다는 것이다.

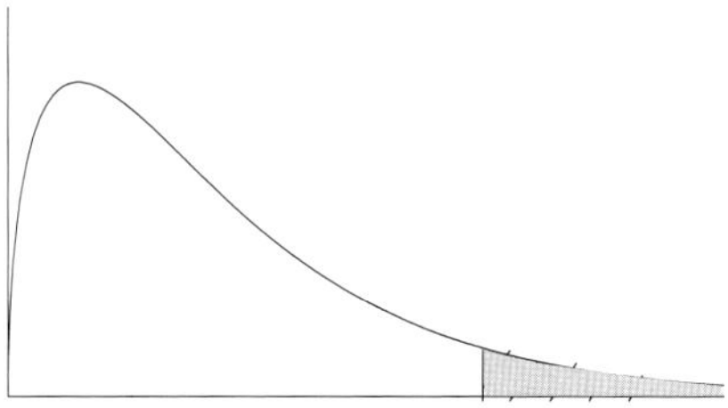

〈그림 12-3〉 적합도 검정에서의 기각역

[예제 12.4] 인간은 7일로 구성되는 주(週) 생활리듬을 가지고 있어 요일에 따라 긴장상태나 집중력에 차이가 나며 이에 따라 교통사고의 빈도도 특정 요일에 높다고 하는 가설이 발표되었다고 하자. 그리고 이 가설을 검증하기 위하여 임의로 연속적인 7일간을 선택하여 특정 지역에서 일어난 교통사고를 계수하여 다음 표를 얻었다. 가설대로 특정 요일에 교통사고 빈도가 더 높다고 할 수 있는가? 유의수준 5%에서 검정하라.

요일	월	화	수	목	금	토	일	합
빈도	15	10	13	16	10	13	12	89

● 풀이 ●

요일에 따라 교통사고 빈도에 차이가 없다면 각 요일에 일어나는 사고 빈도는 동일할 것으로 생각된다. 그러므로 이 문제는 "각 요일의 교통사고 빈도는 동일하다"는 귀무가설을 검정하는 것과 같다.

1) 가설 설정

귀무가설 : 교통사고의 빈도는 요일과 관계가 없이 일정하다.

$$H_0: f_{\text{요일}i} = N/7$$

대립가설 : 교통사고의 빈도는 특정 요일에 높아진다.

$$H_1:\ f_{요일_i} \neq N/7$$

2) 귀무가설에 따른 이론치 계산

$$E(요일i) = 89\times\frac{1}{7} = 12.71$$

3) 검정통계량 χ^2은 〈식 12.2〉에 의하여

$$\chi^2 = \frac{(12.71-15)^2}{12.71} + \frac{(12.71-10)^2}{12.71} + \frac{(12.71-13)^2}{12.71} + \frac{(12.71-8)^2}{12.71} + \frac{(12.71-10)^2}{12.71} + \frac{(12.71-13)^2}{12.71} + \frac{(12.71-15)^2}{12.71} = 2.47$$

4) 그런데 $\chi^2_{0.05,6} = 12.59$이므로 $P(\chi^2 > 2.47) > 0.05$이다.

5) 귀무가설을 기각하지 못한다. 특정 요일에 교통사고의 빈도가 높다고 할 수 없다.

[예제 12.5] 모르모트의 모피색은 공우성 대립유전자(共優性對立遺傳子 : codominant allelle)에 의해서 결정된다고 알려져 있으며 황색모피색은 동형접합인 인자형 C^YC^Y, 크림색은 이형접합인 C^YC^W, 흰색은 동형접합인 인자형 C^WC^W이다. 이형접합자인 크림색 개체들 간에 교배를 해서 45개체의 자손을 얻었는데 이 중 황색 개체는 11, 크림색 개체는 21, 흰색 개체는 13마리였다. 이 결과는 모르모트의 모피색이 공우성 대립유전자에 의해 유전됨을 확인하는 것인가? 유의수준 5%에서 검정하라.

● 풀이 ●

공우성 대립유전자에 의한 유전이라면 이형접합인 인자형인 C^YC^W 개체들의 교배에서 생성되는 자손들의 모피색의 상대빈도는 황색 : 크림 : 흰색=1 : 2 : 1로 나타날 것이 기대된다. 따라서 이 문제는 우리가 얻은 "모르모트 자손 모피색의 상대빈도가 황색 : 크림 : 흰색=1 : 2 : 1이다"는 귀무가설을 검정하는 것과 같다.

1) 가설 설정

귀무가설 : 모르모트 자손의 모피색은 공우성 대립유전자에 의해서 결정된다.

H_0: $f_{C^YC^Y}$: $f_{C^YC^W}$: $f_{C^WC^W}$ = 1 : 2 : 1

대립가설 : 모르모트 자손의 모피색은 공우성 대립유전자에 의해서 결정된다고 할 수 없다.

H_1: $f_{C^YC^Y}$: $f_{C^YC^W}$: $f_{C^WC^W}$ ≠ 1 : 2 : 1

2) 귀무가설에 따른 이론치 계산

$$E(f_{C^YC^Y}) = 45 \times \frac{1}{4} = 11.25$$

$$E(f_{C^YC^W}) = 45 \times \frac{2}{4} = 22.50$$

$$E(f_{C^WC^W}) = 45 \times \frac{1}{4} = 11.25$$

3) 검정통계량 χ^2 은 〈식 11. 3〉에 의하여

$$\chi^2 = \frac{(11.25-11)^2}{11.25} + \frac{(22.5-21)^2}{22.5} + \frac{(11.25-13)^2}{11.25} = 0.378$$

4) 그런데 $\chi^2_{0.05,2} = 5.99$이므로 $P(\chi^2 > 0.378) > 0.05$이다.

5) 귀무가설을 기각하지 못한다. 모르모트 자손의 모피색은 공우성 대립유전자에 의해서 결정된다고 할 수 있다.

제13장 상관 분석

지금까지 우리는 한 가지 확률변수에 의한 현상을 정의하고 이 현상을 분석하고 설명하는 통계적인 문제를 생각해 왔다. 하나의 확률변수 X의 변이를 가져오는 여러 가지 인자들의 수준에 따른 차이 또는 영향을 분석하는 통계적인 방법의 기본 원리와 그의 적용에 대해서 생각해 왔다는 것이다. 그러나 하나의 확률변수로 정의되는 생물 현상은 그에 직접적으로 영향하는 한 가지 요인에 의해서 독립적으로 나타나기보다는 다른 현상과 밀접한 상호작용을 통해서 나타나는 경우가 많으며 한 가지 현상을 설명하기 위해서 다른 현상과의 상호작용을 생각하지 않을 수가 없다.

〉〉〉 **사례 13.1**

수학적 재능이 많은 사람은 물리학적 재능도 많다고 알려져 있다.

〉〉〉 **사례 13.2**

담배를 많이 피우면 폐암에 걸릴 수 있는 확률이 커진다.

〉〉〉 사례 13.3

육류의 섭취와 심장질환 등 성인병의 발병은 관계가 깊다.

〉〉〉 사례 13.4

고혈압으로 고생한 가족을 가진 사람의 고혈압 발병 가능성이 높다.

그러므로 폐암 발병, 성인병 발병, 물리학적 재능, 고혈압 등은 끽연(喫煙) 습관, 식습관(食習慣), 수학 성적, 유전적 소인 등을 파악함으로써 보다 더 잘 이해할 수 있게 된다. 어떤 현상과 다른 현상 간의 관계를 파악하게 되면 그만큼 그 현상에 대한 설명력과 동시에 예측력이 높아진다는 것이다.

1. 상관계수

특정한 현상들 간에 서로 관계가 있는지, 관계가 있다면 그 정도는 얼마나 큰지를 검토, 분석하는 통계적 방법을 상관분석이라고 한다. 어떤 현상을 나타내는 변수를 X, 이에 대응하는 다른 변수를 Y라고 하고 대응되는 각 변수의 i 번째 관측치를 x_i, y_i라 하면 서로 대응하는 (x_i, y_i)쌍이 이루어진다. 두 변수 X와 Y가 서로 독립적이라면 X의 변이와 Y의 변이는 서로 관계가 없을 것이나 두 변수가 서로에게 영향을 준다면 두 변수의 변이는 다른 변수의 변이에 따라 일정한 경향성을 띠게 될 것으로 기대된다.

상관분석은 이러한 경향성을 〈식 13.1〉과 같이 정의되는 표본상관계수를 척도로 분석하는 통계적 방법이다.

$$\langle 식\ 13.1\rangle\ r = \frac{\sum_{i=1}^{n}(x_i - \bar{x})(y_i - \bar{y})}{\sqrt{\sum_{i=1}^{n}(x_i - \bar{x})^2 \sum_{i=1}^{n}(y_i - \bar{y})^2}}$$

〉〉〉 상관 계수 정의식의 유도

상관계수의 정의는 다음과 같이 이해된다.
두 변수 서로 대응된 X와 Y의 관측치 n개로 구성된 표본에서 두 변수의 측정치 (x_1, y_1), (x_2, y_2), …, (x_n, y_n)은 두 확률변수 X와 Y의 결합확률분포(結合確率分布 : joint probability distribution)를 형성하고 이 대응된 관측치를 (X, Y) 좌표상에 기입하면 〈그림 13. 1〉과 같은 산점도(散點度 : scatter diagram)를 얻을 수 있다. 이 산점도는 두 변수의 측정치의 분포특성에 따라 다양한 모양을 보이지만 각 변수를 U와 V로 표준화하여 $u_i = (x_i - \bar{x})/s_x$, $v_i = (y_i - \bar{y})/s_y$ 로 변환하면 (u_i, v_i)는 〈그림 13. 2〉와 같이 표준 산점도를 보이면서 좌표 4분면 전체에 분포하게 된다. 그림에서와 같이 $t_i = \sum_{i=1}^{n} u_i v_i$가 양(陽)의 값을 가지면 (u_i, v_i)는 제1분면과 제3분면에 분포하며 서로 같은 경향의 증감을 나타내는 양의 관계가 있음을 보이게 된다. 반대로 t_i가 음(陰)의 값을 가지면 (u_i, v_i)는 제2분면과 제4분면에 분포하며 서로 다른 경향의 증감을 나타내는 부(負)의 관계가 있다고 할 수 있다. 그러므로 이 표준산점도를 통해서 두 변수 X와 Y의 상관 여부와 그 정도를 알 수 있다. 그러나 t_i 값은 표본의 크기(n)가 크면 클수록 커지게 된다. 표본의 크기와 독립적인 척도를 얻기 위해 t_i를 표본 크기 n으로 나누면 〈식 13. 1〉에서 정의된 대로 무차원의 상관계수가 유도된다. 이 표본상관계수는 피어슨(Karl Pearson)에 의해 처음으로 정의되었으므로 피어슨의 표본상관계수(Pearson correlation coefficient)라고도 한다.

〈그림 13-3〉은 상관계수와 (x_i, y_i)의 분포를 보인 것이다. 변수 X와 Y

가 완전히 동일하게 변화하되, 같은 방향으로 이루어지면 $r=+1$의 값을 취하고 역방향으로 이루어지면 $r=-1$의 값을 취한다. 두 변수가 서로 관련이 없으면 $r=0$이 된다. 그러므로 상관계수는 -1과 1 사이의 값을 취하며 상관이 높을수록 그 절댓값이 1.0에 근접하게 된다.

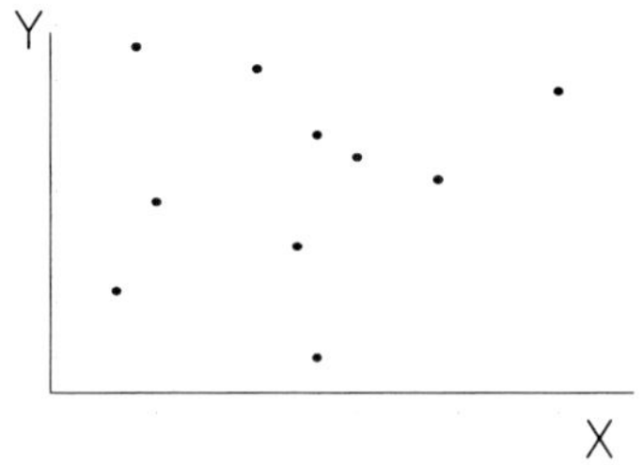

〈그림 13-1〉 X, Y 좌표상의 산점도

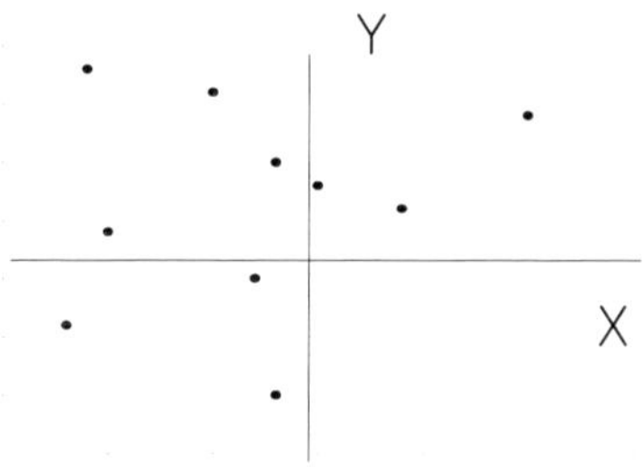

〈그림 13-2〉 표준 산점도

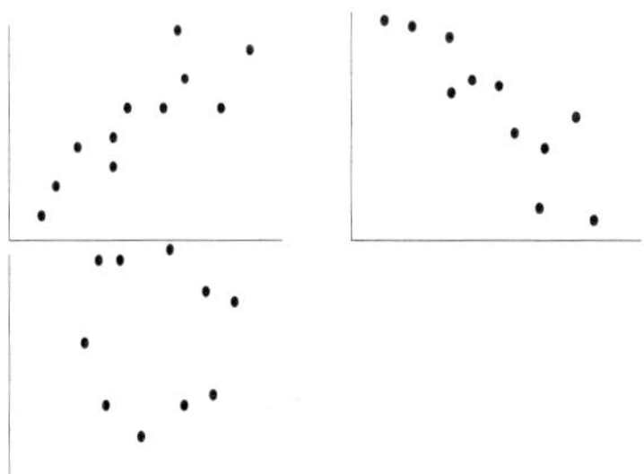
〈그림 13-3〉 여러 가지 산점도 형태

2. 상관분석의 가정과 특성

상관분석은 두 임의변수(random variable) 간의 관계에 대한 분석이므로 상관관계를 분석하기 위해서는 대상 자료가 다음 네 가지의 가정을 충족시켜야 한다.

1) 두 변수 X와 Y는 확률변수이며 X의 값 x_i 에는 정규분포를 하는 Y의 값 y_i 가 대응되고, 역으로 Y의 값 y_i 에는 정규분포를 하는 X의 값 x_i 가 대응된다. 즉 (X, Y)는 이변량정규분포(bivariate normal distribution)를 하는 확률변수이다(〈그림 13-4〉).
2) 확률변수, X와 Y의 분산은 일정하다.
3) 상관관계는 두 변수 간 직선적인 관계를 측정하는 것이다. 따라서 두 확률변수가 서로 연관되어 있다 하더라도 곡선적인 관계를 가진다면 상관관계가 감추어질 수 있으므로 자료 분석 시 직선적인 연관 가능성을 검토하는 것임을 분명히 해야 한다.
4) 확률변수의 상관관계가 높은 것이 두 변수 간의 인과관계(因果關係)가 있다는 것을 말하는 것은 아니다. 즉 X와 Y의 상관이 높다고 해서 변수 X가 Y의 원인이거나 또는 역으로 해석될 수는 없다는 것이다. X와 Y는 제3의 인자에 의해서 서로 상관관계를 보일 수가 있기 때문이다. 아카시아의 개화기와 솔잎혹파리 우화기는 상관이 높다. 그러나 개화기와 우화기가 인과관계에 있는 것이 아니라 온도라는 제3의 인자의 영향을 받은 결과이다.

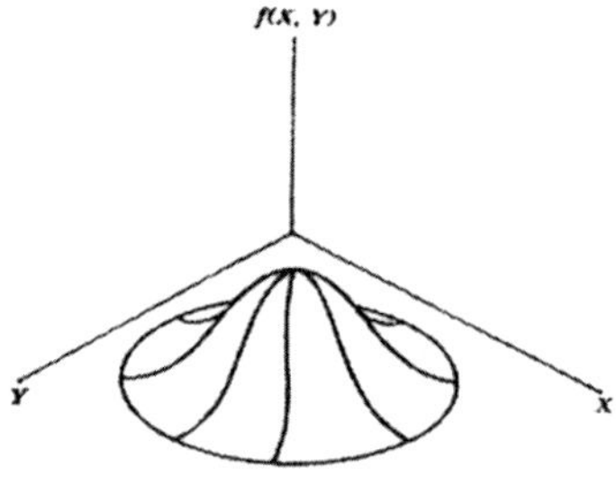

〈그림 13-4〉 이변량정규분포의 모델

3. 모상관계수의 검정과 신뢰한계

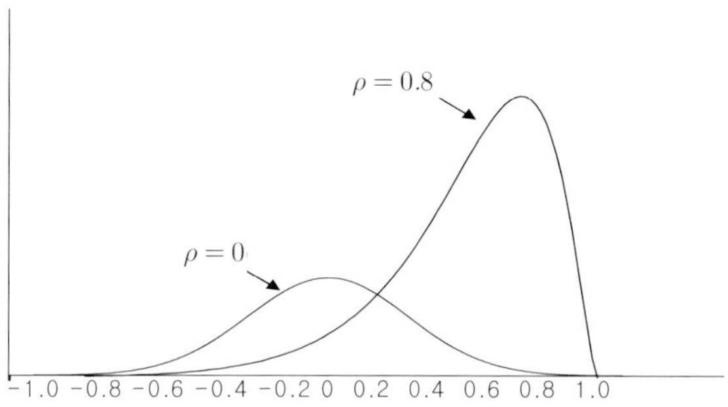

〈그림 13-5〉 ρ값에 따른 r의 분포

〈그림 13-5〉는 모상관계수 ρ의 값에 따른 표본 상관계수 r의 분포를 보인 것이다. $\rho = 0$, 즉 상관관계가 없을 경우, 표본상관계수는 평균 0을 중심으로 대칭인 확률 분포를 보이지만 $\rho = 0.8$이 되면 표본상관계수는 평균 0.8을 중심으로 하는 비대칭 분포를 보인다. ρ의 크기에 따라 확률분포 형이 달라지므로 표본상관계수의 유의성 검정은 ρ의 크기에 영향 받지 않는 표준화된 확률분포를 통해서만 가능하다.

이를 위해 확률변수 t를 $t = \frac{r-\rho}{s_r}$로 정의하면 확률변수 t의 분포는 자유도 $n-2$ 인 t - 분포에 따른다. s_r은 r의 표준오차이며 $s_r = \sqrt{\frac{1-r^2}{n-2}}$로 추정된다.

따라서 모상관계수의 유의성 검정은 자유도가 $(n-2)$인 t - 분포에서의 확률에 토대를 두고 수행된다. t의 정의식에 s_r의 추정식을 대입하면 〈식 13.2〉를 얻을 수 있다.

〈식 13.2〉 $t = \frac{\sqrt{n-2} \times r}{\sqrt{1-r^2}}$

두 변수 X와 Y 간 상관의 유의성 검정은 표본으로부터 추정된 상관계수가 표본 오차에 의한 우연적인 결과가 아니라 실제 이 표본이 추출된 두 대응

모집단의 모상관계수가 0이 아니기($\rho \neq 0$) 때문에 나타난 값임을 밝히는 것이다. 표본상관계수 r이 $\rho=0$인 상황에서 우연적으로 일어날 확률이 유의수준보다 작음을 증명함으로써 상관관계를 증명한다는 것이다.

3.1. 상관계수의 검정 과정

상관계수의 검정과정은 다음과 같다.

1) 가설의 설정

   귀무가설 : 모상관계수는 0이다. ($H_0 : \rho = 0$)

   대립가설 : 모상관계수는 0이 아니다. ($H_I : \rho \neq 0$)

2) 검정 통계량 t의 추정

$$t = \frac{\sqrt{n-2} \times r}{\sqrt{1-r^2}}$$

3) 귀무가설이 옳을 경우 검정통계량 t가 추정치보다 클 확률과 유의수준을 비교하여 귀무가설을 채택하거나 기각한다.
4) 귀무가설 채택 여부에 따라 상관관계에 대한 결론을 내린다.

>>> **상관계수 기각역**

> 상관계수의 유의성 검정은 귀무가설의 기각역을 유의수준에 따라 정리한 상관계수 유의수준표에 따라서 직접 검정할 수도 있다.

3.2. 모상관계수의 신뢰구간

상관계수의 유의성이 검증될 경우 모상관계수의 (1-α) 수준에서의 신뢰구간은 $t = \dfrac{r-\rho}{s_r}$ 에서부터 추정할 수 있으며 〈식 13. 3〉과 같다.

〈식 13. 3〉 $(r - t_{\alpha/2,\nu} \times s_r,\ r + t_{\alpha/2,\nu} \times s_r)$ (단, $s_r = \sqrt{\dfrac{1-r^2}{n-2}}$)

[예제 13.1] 수컷 개구리 20마리의 피부 단위당 멜라닌 함량과 몸무게를 측정하여 표와 같은 결과를 얻었다. 멜라닌 함량(X)과 몸무게(Y) 간의 상관관계를 분석하라.
단, 검정의 유의수준은 5%로 한다.

X	0.13	0.15	0.28	0.58	0.68	0.31	0.35	0.58	0.03	0.69	0.38	0.54	1.00	0.73	0.77	0.82	1.29	0.70	0.38	0.54
Y	13	18	18	18	18	19	21	22	22	24	25	25	25	27	27	27	28	29	30	30

$\Sigma x_i = 10.93,\ \Sigma y_i = 466,\ \Sigma x_i^2 = 7.77\ ,\ \Sigma y_i^2 = 11{,}298,\ \bar{x} = 0.55,\ \bar{y} = 23.3$

$\Sigma(x_i - \bar{x})^2 = 1.80,\ \Sigma(y_i - \bar{y})^2 = 440.2,\ \Sigma(x_i - \bar{x})^y(y_i - \bar{y})^y = 15.32$

● 풀이 ●

1. 상관계수 추정(〈식 13. 1〉)

$$r = \frac{15.32}{\sqrt{1.80 \times 440.02}} = 0.54$$

2. 상관계수의 검정

(1) 가설 설정

귀무가설 : 모상관계수는 0이다. $(H_0 : \rho = 0)$

대립가설 : 모상관계수는 0이 아니다. $(H_I : \rho \neq 0)$

(2) 검정통계량 t의 추정(〈식 13. 2〉)

$$t = \frac{\sqrt{18} \times 0.54}{\sqrt{1-0.54^2}} = 3.23$$

(3) $t_{0.05/2,18} = 2.101$이므로 귀무가설이 옳을 경우 $P(t \geq 3.23) < 0.05$이다. 따라서 귀무가설을 기각한다.

(4) 피부 단위면적당 멜라닌 함량과 몸무게는 상관관계가 있다.

3. 모상관계수의 95% 신뢰구간

$s_r = \sqrt{\frac{1-0.54^2}{18}} = 0.20$이므로 〈식 13. 3〉에서부터 구간의 하한은

$0.54 - 2.101 \times 0.20 = 0.12$, 구간의 상한은 $0.54 + 2.101 \times 0.20 = 0.96$이다.

따라서 모상관계수의 95% 신뢰구간은 (0. 12, 0. 96) 이다.

[예제 13.2] 혈중 콜레스테롤 농도가 몸무게와 관계가 있는지를 알기 위해 50대 남자 15명의 콜레스테롤 농도(*mg*/100*ml*)와 몸무게(*kg*)를 측정하여 표와 같은 결과를 얻었다. 혈중 콜레스테롤 농도(*X*)는 몸무게(*Y*)와 상관이 있는가? 상관분석을 행하라. 유의수준은 5%로 한다.

X	181	228	182	249	259	201	339	224	112	241	225	223	257	337	197
Y	65.7	92.3	70.7	74.3	82.8	68.9	99	81.5	68.0	84.6	81.5	73.4	89.1	86.9	70.7

$\Sigma x_i = 3,455$, $\Sigma y_i = 1,189.4$, $\Sigma x_i^2 = 841,855$, $\Sigma y_i^2 = 95,700.94$,

$\bar{x} = 230.3$, $\bar{y} = 79.29$, $\Sigma(x_i - \bar{x})^2 = 46,053.33$,

$\Sigma(y_i - \bar{y})^2 = 1,389.45$, $\Sigma(x_i - \bar{x})(y_i - \bar{y}) = 6,279.0$

● 풀이 ●

1. 상관계수 추정 (〈식 13. 1〉)

$$r = \frac{6,279.0}{\sqrt{46,053.33 \times 1,389.45}} = 0.78$$

2. 상관계수의 검정

(1) 가설 설정

귀무가설 : 모상관계수는 0이다. ($H_0 : \rho = 0$)

대립가설 : 모상관계수는 0이 아니다. ($H_I : \rho \neq 0$)

(2) 검정통계량 t의 추정(식 ⟨13. 2⟩)

$$t = \frac{\sqrt{13} \times 0.78}{\sqrt{1 - 0.78^2}} = 4.49$$

(3) $t_{0.05/2,13} = 2.160$이므로 귀무가설이 옳을 경우 $P(t \geq 4.49) < 0.05$이다. 따라서 귀무가설을 기각한다.

(4) 혈중콜레스테롤 농도와 몸무게는 상관관계가 있다.

3. 모상관계수의 95% 신뢰구간

$s_r = \sqrt{\frac{1 - 0.78^2}{13}} = 0.17$이므로 ⟨식 13. 3⟩에서부터

구간의 하한은 $0.78 - 2.16 \times 0.17 = 0.41$,

구간의 상한은 $0.78 + 2.16 \times 0.17 = 1.15$ 이다.

따라서 모상관계수의 95% 신뢰구간은 (0. 41, 1. 16) 이다. 그런데 상관계수는 $|r| \leq 1$에서만 정의되므로 신뢰구간 상한이 1보다 큰 것은 표본의 크기가 작아서 나타난 결과로 생각된다.

4. 순위 상관

질적 변량 또는 순위 변량과 같이 상관분석의 가정이 충족되지 않는 자료를 토대로 두 변수 X와 Y 간에 상관관계를 앞에서 설명한 방법으로 분석할 수는 없다. 그럼에도 불구하고 두 변수 간의 관계에 대하여 분석을 해야 할 경우 비모수 방법인 순위상관(rank correlation) 을 사용한다. 순위상관은 실

제 관측치 대신에 변수 X와 Y의 관측치 x_i와 y_i의 순위를 결정하고 x_i의 순위와 y_i의 순위가 서로 같은 경향이 있는지의 여부를 순위상관계수(r_s : Spearman rank correlation coefficient)를 토대로 분석하는 방법이다. 순위상관계수는 일반 상관계수와 같은 방법(〈식 13. 1〉)으로 산출될 수 있으며 동일 순위 쌍이 무시할 만큼 적은 경우 〈식 13. 5〉를 이용할 수도 있다.

순위상관계수를 토대로 하는 상관분석도 상관계수의 검정과정에 준하여 이루어진다.

〈식 13. 5〉 $r_s = 1 - \dfrac{6\sum_{i=1}^{n} d_i^2}{n(n^2-1)}$ (단, $d_i = x_i - y_i$)

[예제 13.3] 생태학 수강생 12명을 임의로 선택하여 중간고사 성적(X)과 기말고사 성적(Y) 간 관계를 검토하였다. 다음 표를 토대로 중간고사와 기말고사 성적 간의 관계를 순위상관으로 분석하라. 유의수준은 5%로 한다.

학생	1	2	3	4	5	6	7	8	9	10	11	12
X	66	62	32	51	36	61	43	64	50	78	57	52
(순위)	11	9	1	5	2	8	3	10	4	12	7	6
Y	65	49	54	54	37	52	43	61	48	76	59	45
(순위)	11	5	7.5	7.5	1	6	2	10	4	12	9	3
차이	0	4	-6.5	-2.5	1	2	1	0	0	0	-2	3

• 풀이 •

1. 순위 상관계수 추정(〈식 13. 1〉 또는 〈식 13. 5〉)

$$r_s = \frac{101}{\sqrt{143.0 \times 142.5}} = 0.71$$

또는

$$r_s = 1 - \frac{6 \times 83.5}{12 \times 143} = 1 - 0.29 = 0.71$$

2. 상관계수의 검정

(1) 가설 설정

귀무가설 : 순위상관계수는 0이다. ($H_0 : \rho_s = 0$)

대립가설 : 순위상관계수는 0이 아니다. ($H_I : \rho_s \neq 0$)

(2) 검정통계량 t의 추정(식 〈13. 2〉)

$$t = \frac{\sqrt{10} \times 0.71}{\sqrt{1 - 0.71^2}} = 3.17$$

(3) $t_{0.05, 10} = 2.228$이므로 귀무가설이 옳을 경우 $P(t \geq 3.17) < 0.05$이다. 따라서 귀무가설을 기각한다.

(4) 중간고사와 기말고사 성적 간에는 상관관계가 있다.

[예제 13.4] 딸기잼의 색(X)과 맛(Y) 간에 상관이 있는지를 검정하기 위하여 시중에서 15개 제조회사에서 생산된 제품을 수집하여 시험자로 하여금 색과 맛 각각에 대해 순위를 매기게 하였다. 표를 토대로 하여 색과 맛 간에 상관이 있는지를 검정하라.

회사	가	나	다	라	마	바	사	아	자	차	카	타	파	하	까
X순위	10	14	6	1	7	4	9	13	2	12	5	11	15	3	8
Y순위	4	11	5	6	12	1	14	10	7	13	2	15	9	3	8
차이	6	3	1	-5	-5	3	-5	3	-5	-1	3	-4	6	0	0

● 풀이 ●

1. 순위 상관계수 추정(〈식 13. 1〉 또는 〈식 13. 5〉)

$$r_s = \frac{167}{\sqrt{280 \times 280}} = 0.60$$

또는

$$r_s = 1 - \frac{6 \times 226}{15 \times 224} = 1 - 0.40 = 0.60$$

2. 상관계수의 검정

(1) 가설 설정

귀무가설 : 순위상관계수는 0이다. $(H_0 : \rho_s = 0)$

대립가설 : 순위상관계수는 0이 아니다. $(H_1 : \rho_s \neq 0)$

(2) 검정통계량 t의 추정(식 〈13. 2〉)

$$t = \frac{\sqrt{13} \times 0.60}{\sqrt{1 - 0.60^2}} = 2.68$$

(3) $t_{0.05,13} = 2.16$ 이므로 귀무가설이 옳을 경우 $P(t \geq 2.68) < 0.05$이다. 따라서 귀무가설을 기각한다.

(4) 딸기잼의 색과 맛 간에는 상관관계가 있다.

제14장 회귀 분석

두 확률변수 간에 관계가 있는지와 같은 단순한 질적인 질문에 답하는 것이 상관분석이라면 다음 사례들에서 보는 것과 같이 두 확률변수 간에 인과관계가 성립될 수 있는지를 분석하는 통계적 방법을 회귀분석이라 한다.

〉〉〉 **사례 14.1**

사람의 몸무게는 키와 직선적인 관계가 있다. 키를 알면 정상적인 몸무게를 추정할 수 있으므로 비만 여부를 판단할 수 있다.

〉〉〉 **사례 14.2**

혈압은 나이가 많아짐에 따라 일정한 비율로 높아지는 것이 정상이다. 그러므로 환자의 나이를 알면 그 환자가 고혈압을 앓고 있는지의 여부를 판단할 수 있다.

〉〉〉 **사례 13.3**

곤충이 서식하는 서식처의 정상적인 온도범위에서 곤충의 발육은 온도가 높아짐에 따라 빨라진다.

〉〉〉 사례 14.4

병아리의 날개 길이는 발육일수에 비례한다.

이와 같이 두 확률변수 X와 Y 간에 $Y = f(X)$인 함수관계가 성립될 경우 Y는 X에 회귀한다고 하고 Y와 X는 회귀관계에 있다고 한다. X는 Y의 원인이고 따라서 Y에 의존함이 없이 Y를 설명하는 변수이므로 설명변수(독립변수)라고 하고, 이에 대해 Y는 X의 함수가 되므로 반응변수(종속변수)라고 한다. 상관분석의 경우와는 달리 회귀분석에서는 설명변수 X가 질적 변수일 수도 있다.

상관분석은 x_i에 대응하는 y_i가 정규분포를 하며 그 역도 성립한다는 가정이 충족되어야 하지만 회귀분석은 설명변수의 일정한 값 x_i에 대응되는 반응변수의 값 y_i가 정규분포를 한다는 가정에서 분석이 이루어진다. 〈사례 14. 1〉에서의 반응변수는 몸무게이고 키는 설명변수이다. 〈사례 14. 2〉에서는 반응변수가 혈압이고 설명변수가 나이이다. 특히 **함수 $f(X)$가 일차함수(a+bX)이면 확률변수 Y는 X와 직선회귀 관계가 있다고 한다.**

1. 회귀직선의 추정

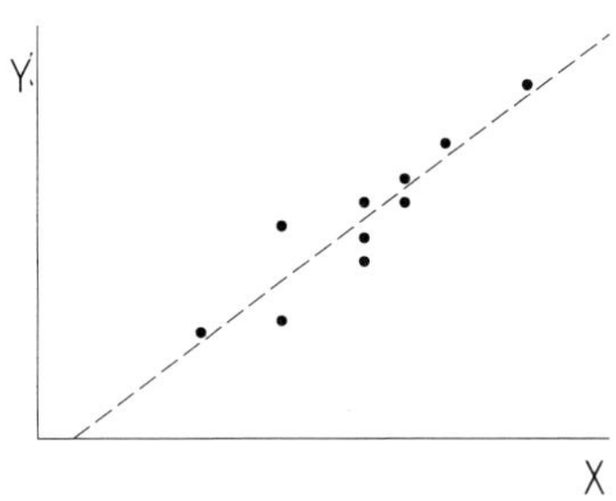

〈그림 14-1〉 산점도와 추정회귀직선

〈그림 14 - 1〉에서와 같이 (x, y) 좌표상에 나타난 두 확률변수 X와 Y의 산점도는 상관관계에서 나타난 그림과 유사하다(그림 13-1, 13-2, 13-3). 회귀분석에서의 과제는 확률

변수 Y의 변이가 X에 의해서 설명될 수 있는가? 있다면 얼마나 있는가? 하는 것이다. 상관이 있는지 없는지에 대한 질적(質的)인 문제가 아니라 얼마나 추정될 수 있는가에 대한 양적(量的)인 문제이므로 Y를 추정할 수 있는 적절한 함수가 추정되어야 한다.

최소자승법(최소제곱법)은 이 적절한 함수를 추정하는 방법이다. 이에 따르면 표본으로부터 Y를 추정할 수 있는 최적함수는 〈식 14. 1〉과 같다.

〈식 14. 1〉 $y_i = \bar{y} + b(x_i - \bar{x})$

직선의 기울기인 b를 회귀계수라 하며 〈식 14. 2〉와 같이 정의된다.

〈식 14. 2〉 $b = \dfrac{\sum_{i=1}^{n}(x_i - \bar{x})(y_i - \bar{y})}{\sum_{i=1}^{n}(x_i - \bar{x})^2}$

〈식 14. 1〉과 〈식 14. 2〉로부터 회귀직선의 절편은 $\bar{y} - b\bar{x}$ 이다.

〉〉〉 최소 자승법에 의한 직선회귀식의 추정

Y의 추정함수를 $\hat{Y} = f(X) = a + bX$인 일차함수라 하고 (X, Y) 좌표상에 그리면 각 x_i 에서의 실제 관측치 y_i 값과 추정 직선에 의해 산출되는 $\hat{y}_i$ 값 간에 편차$(y_i - \hat{y}_i)$가 나타난다 〈그림 14-2〉. X의 함수인 $\hat{Y}$의 최적 함수는 이 편차, 즉 오차가 가장 작은 직선이다. 각 X의 값에 대한 Y의 분산이 일정하다면 이것은 결국 추정값과 관측치 간 편차의 합(S)이 최소화되는 직선이다. 그러므로 $S = \Sigma(y_i - \hat{y}_i)$가 최소가 되는 직선을 구하게 된다. 그러나 $\hat{Y}$가 최적 추정 직선이라면 어떤 경우든 S는 0인 항등식이 되므로 이를 통해 직선을 추정할 수 없다. $Q = \Sigma(y_i - \bar{y})^2$ 이라 하면 Q는 $\hat{Y}$과 Y가 일치할 때 최소값 0를 가진다. 결국 최적 추정식은 Q가 최소값을 가질 때의 $\hat{Y}$이 된다. $\hat{Y} = a + bX$로 정의하면 $Q = \Sigma(y_i - a - bx_i)^2$ 이 된다.

함수의 최소 값은 그 함수의 미분 값이 0가 될 때이므로 이를 실행하면 a와 b를 미지수로 하는 다음 연립방정식이 성립된다.

$$\partial Q/\partial a = -2\sum(y_i - a - bx_i) = 0$$
$$\partial Q/\partial b = -2\sum(y_i - a - bx_i)x_i = 0$$

이 방정식을 풀면

$$a = \bar{y} - b\bar{x},$$

$$b = \frac{\Sigma(x_i - \bar{x})(y_i - \bar{y})}{\Sigma(x_i - \bar{x})^2}$$

을 얻는다. 따라서 회귀방정식은 〈식 14. 1〉과 같다.

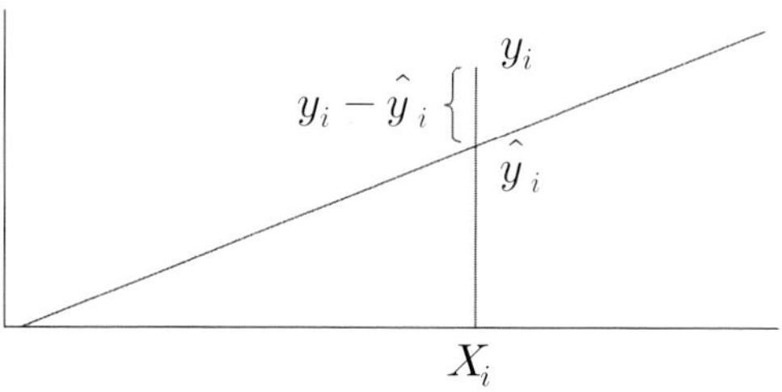

〈그림 14-2〉 회귀직선에서의 설명변수 X의 값 x_i에 대한 반응변수 Y의 실제 관측치 (y_i)와 추정치($\hat{y}_i$)

[예제 14.1] 임의로 포획된 가터뱀 15마리의 체장(體長)(cm)과 체중(體重)(gram)을 측정하여 아래 표와 같은 결과를 얻었다. 가터뱀 체중을 반응변수(Y)로, 체장을 설명변수(X)로 하는 회귀 직선식을 구하라.

X	45	41	43	50	44	51	52	42	70	59	51	41	48	42	49
Y	96	72	52	64	71	87	152	83	170	120	94	53	51	90	86

● 풀이 ●

회귀직선을 추정하기 위해, 필요한 기본 계산을 하면

$\Sigma x_i = 728$, $\Sigma y_i = 1{,}341$, $\Sigma x_i^2 = 36{,}192$, $\Sigma y_i^2 = 136{,}845$, $\bar{x} = 48.53$, $\bar{y} = 89.4$

이다. 따라서,

$$\Sigma(x_i - \bar{x})^2 = \Sigma x_i^2 - \frac{(\Sigma x_i)^2}{n} = 36{,}192 - \frac{728^2}{15} = 859.73$$

$$\Sigma(y_i - \bar{y})^2 = \Sigma y_i^2 - \frac{(\Sigma y_i)^2}{n} = 136{,}845 - \frac{1{,}341^2}{15} = 16{,}959.6$$

$$\Sigma(x_i - \bar{x})(y_i - \bar{y}) = \Sigma x_i y_i - \frac{(\Sigma x_i)(\Sigma y_i)}{n} = 68{,}048 - \frac{728 \times 1{,}341}{15} = 2{,}964.8$$

이다.

그러므로 구하는 회귀직선은 〈식 14. 1〉과 〈식 14. 2〉에서부터

$$\hat{Y} = 89.4 + \frac{2{,}964.8}{859.73}(X - 48.53)$$

이며, 이를 정리하면, 직선회귀 방정식

$$\hat{Y} = -78.03 + 3.45X$$

을 얻는다. 〈그림14 - 3〉은 추정된 회귀 방정식과 관측치를 보인 것이다.

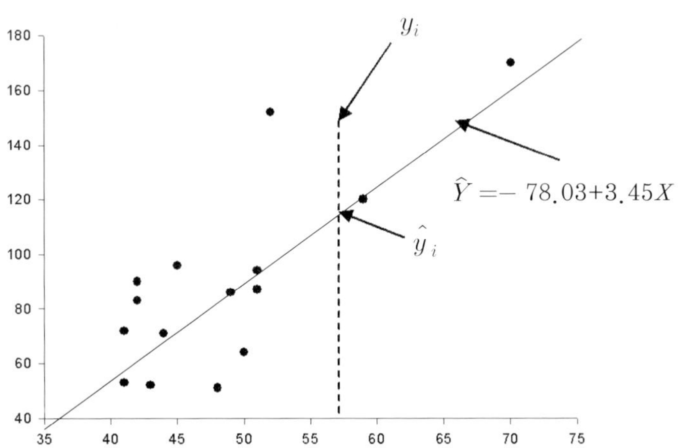

〈그림 14-3〉 [예제 14.1]로부터 추정된 회귀 방정식과 관측치

2. 회귀직선의 검정 및 추론

〔예제 14. 1〕에서 체중을 체장의 반응변수로 하는 회귀방정식을 구하였으나 이 직선식이 의미를 가지기 위해서는 회귀계수와 절편이 유의하다는 증거가 있어야 한다. 표본을 토대로 추정된 회귀직선이 모집단에서 동일한 크기의 표본을 추출했을 때 다만 우연적으로 나타나는 결과인지의 여부를 검정하고, 이를 토대로 모회귀직선의 절편(α), 회귀계수(β)의 신뢰구간과 아울러 직선에 의한 추정치의 신뢰구간을 추정하는 과정을 회귀분석이라 한다.

2.1. 회귀직선의 검정

"반응변수 Y가 설명변수 X의 함수라고 할 수 있는가?", 다시 말해서 "변수 Y는 변수 X에 회귀하는가?"를 밝히는 과정을 회귀직선의 유의성 검정이라고 한다. 이 과정은 회귀직선을 검정하는 가장 기본적인 과정이다.

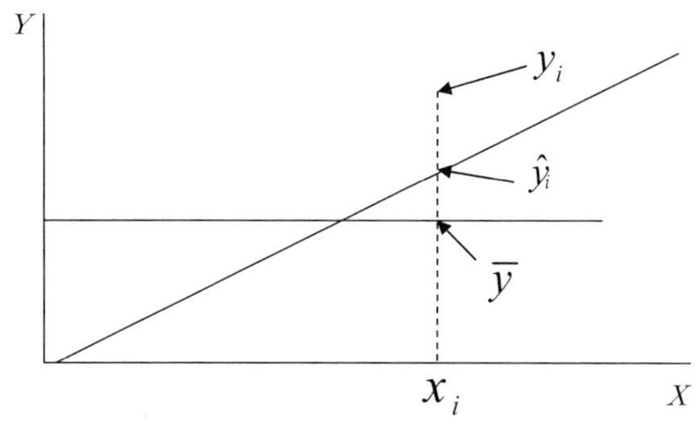

〈그림 14-4〉 관측치 y_i와 평균 $\bar{y}$의 편차의 구성성분

〈그림 14-3〉은 관측치 y_i과 평균 $\bar{y}$ 간의 편차가 관측치 y_i와 추정치 $\hat{y}_i$ 간의 편차와 추정치 $\hat{y}_i$와 평균 $\bar{y}$ 간의 편차의 합, 즉 $(y_i - \bar{y}) = (y_i - \hat{y}_i)$

$+(\hat{y}_i - \bar{y})$이 됨을 보여준다. 이 편차의 제곱합을 구하면 $\Sigma(y_i - \bar{y})^2 = \Sigma(y_i - \hat{y}_i)^2 + \Sigma(\hat{y}_i - \bar{y})^2 + 2\Sigma(y_i - \hat{y}_i)(\hat{y}_i - \bar{y})$가 된다.

그런데 $\Sigma(y_i - \hat{y}_i)(\hat{y}_i - \bar{y}) = 0$ 이므로 편차의 제곱합은 〈식 14.3〉과 같이 된다.

〈식 14.3〉 $\Sigma(y_i - \bar{y})^2 = \Sigma(y_i - \hat{y}_i)^2 + \Sigma(\hat{y}_i - \bar{y})^2$

왼편 항은 Y와 평균 간의 편차의 제곱합(SSY)이고 오른편 첫째 항은 관측치와 회귀직선에 의한 추정치 간의 편차 제곱합, 즉 오차의 제곱합(SSE)이며 오른편 둘째 항은 회귀에 의한 추정치와 평균 간 편차의 제곱합, 즉 회귀직선에 의한 편차의 제곱합(SSR)이다.

〈식 14.3〉의 각 항을 다시 전개해서 정리하면 〈식 14.4〉와 같이 계산식을 얻을 수 있다.

〈식 14.4〉 $SSY = \Sigma(y_i - \bar{y})^2 = \Sigma y_i^2 - \frac{(\Sigma y_i)^2}{n}$

$$SSR = \Sigma(\hat{y}_i - \bar{y})^2 = \Sigma(\bar{y} + b(x_i - \bar{x}) - \bar{y})^2 = b\Sigma(x_i - \bar{x})(y_i - \bar{y})$$

$$\Sigma(x_i - \bar{x})(y_i - \bar{y}) = \Sigma x_i y_i - \frac{\Sigma x_i \Sigma y_i}{n}$$

$$SSE = SSY - SSR$$

회귀의 분산분석표는 〈표 14-1〉과 같다.

〈표 14-1〉 회귀직선의 분산분석표

요인	제곱합	자유도	평균제곱합	F
회귀	SSR	1	$MSR = SSR/1$	MSR/MSE
오차	SSE	$n-2$	$MSE = SSE/(n-2)$	
전체	SSY	$n-1$		

회귀직선식이 표본에 따른 우연한 결과로 오차에 의한 것이며 따라서 X와 Y 간에 회귀관계가 성립되지 않는다면 〈표 14-1〉에서 $F=1$이 될 것으로 기대된다. 그러므로 F가 1보다 크면 이는 회귀관계가 실제로 성립함을 보이는 것이 된다. 유의수준 α에서 이를 검정하기 위한 검정통계량은 $F_{\alpha,1,n-2}$이다.

2.2. 회귀 직선의 분산분석 과정

1) 가설을 설정하고 유의수준을 결정한다.
   귀무가설 : Y는 X의 함수가 아니다. $(H_0 : \beta = 0)$
   대립가설 : Y는 X의 함수이다. $(H_I : \beta \neq 0)$
2) 회귀직선의 분산분석표를 작성한다.
3) 검정 통계량 F를 산출하고 $F_{\alpha,1,n-2}$와 비교한다.

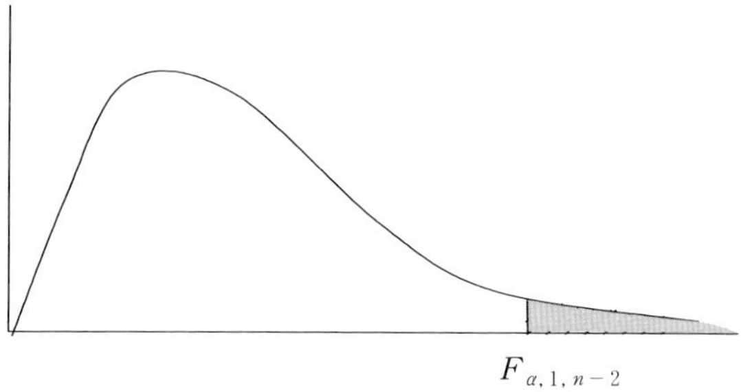

〈그림 14-5〉 회귀직선의 분산분석에서의 기각역

4) 귀무가설이 옳을 때 F가 나타날 확률을 추정하여 귀무가설을 채택하거나 기각한다.

2.3. 회귀직선의 절편과 회귀계수의 불편추정치

회귀관계가 성립된다면 추정된 회귀직선식의 통계량에 대한 추정이 필요하다. 직선식의 경우 회귀식은 절편과 회귀계수로 정의되므로, 절편의 검정과 회귀계수의 검정이 각기 이루어진다. 절편의 검정은 모절편 α가 0이라고 할 수 있는지를 검정하는 것이다. 모절편이 0이라고 할 수 있으면 회귀직선이 원점(0, 0)를 통과한다는 것을 의미한다. 이에 대해 모회귀계수의 검정은 회귀직선의 기울기가 표본의 오차에 의한 것이 아님을 검정하는 것이다.

검정을 위해서는 표본에서 얻은 절편과 회귀계수가 모집단의 불편추정치라는 가정을 충족시켜야 한다. 우선 모집단의 모 회귀직선과 표본 회귀직선의 절편(α 와 a)과 기울기(β 와 b)를 비교하여 표본 회귀직선이 모 회귀직선을 추정하는 불편 추정치가 되는가? 하는 문제를 검토하자.

X와 Y 간에 직선회귀가 성립되고 x_i 에 대응하는 y_i 가 평균 μ_Y를 중심으로 정규분포를 한다고 하면, 모 회귀직선은 $\mu_Y = \alpha + \beta X_i$ 이며 $y_i = \alpha + \beta x_i + e_i$ 이다. e_i는 오차이며 평균이 0, 분산이 σ^2인 정규분포를 하는 변수이다.

추정 회귀식을 $\hat{Y} = a + bX$ 라 하면, 절편 a와 회귀계수 b의 기대치는

$$\begin{aligned} E(b) &= E\left(\frac{\sum(x_i - \bar{x})(y_i - \bar{y})}{\sum(x_i - \bar{x})^2}\right) = \frac{1}{\sum(x_i - \bar{x})^2} E(\sum(x_i - \bar{x})E(y_i - \bar{y}) \\ &= \frac{\sum(x_i - \bar{x})}{\sum(x_i - \bar{x})^2} \cdot (\alpha + \beta x_i - \alpha - \beta\bar{x}) = \frac{\sum(x_i - \bar{x})^2}{\sum(x_i - \bar{x})^2} \cdot \beta = \beta \end{aligned}$$

이고,

$$E(a) = E(\bar{y} - b\bar{x}) = E(\bar{y}) - \bar{x}E(b) = \alpha + \beta\bar{x} - \beta\bar{x} = \alpha$$

이다. 따라서 표본에서 추정된 절편 a와 회귀계수 b는 각각 α와 β의 불편추정치가 된다.

2.4. 절편과 회귀계수의 검정

표본에서 추정된 절편과 회귀계수의 분포는 자유도가 $n-2$인 t- 분포를 따르게 된다. 회귀는 두 확률변수의 관계이며 따라서 자유도는 확률변수의 수만큼 감소하게 되기 때문이다.

2.4.1. 절편의 검정

절편의 검정통계량은

〈식 14. 5〉 $t=\frac{a-\alpha}{s_a}$

이다. s_a는 절편의 표준편차로 〈식 14. 6〉과 같다.

〈식 14. 6〉 $s_a=\sqrt{s^2_{YX}\left(\frac{1}{n}+\frac{\bar{x}^2}{\Sigma(x_i-\bar{x})^2}\right)}$

단, $s^2_{YX}=\frac{\Sigma(y_i-\hat{y}_i)^2}{n-2}=\frac{\Sigma(y_i-\bar{y})^2-b\Sigma(x_i-\bar{x})(y_i-\bar{y})}{n-2}$

이며 분산분석표에서 MSE와 같다.

〉〉〉 절편의 분산

$$V(a) = V(\bar{y}-b\bar{x}) = V(\bar{y}) + (\bar{x})^2 V(b) - Cov(\bar{y}, b\bar{x})$$

$$= \frac{s^2_{YX}}{n} + \frac{(\bar{x})^2}{\Sigma(x_i-\bar{x})^2} s^2_{YX} = s^2_{YX}\left(\frac{1}{n} + \frac{(\bar{x})^2}{\Sigma(x-\bar{x})^2}\right)$$

검정가설은

귀무가설 : 모회귀직선은 원점을 통과한다. $(H_0 : \alpha = 0)$

대립가설 : 모회귀직선은 원점을 통과하지 않는다. $(H_1 : \alpha \neq 0)$ 이고 검정 과정은 이미 설명한 t 검정 과정과 같다.

2.4.2. 회귀계수의 검정

회귀계수의 검정통계량은

〈식 14. 7〉 $t=\frac{b-\beta}{s_b}$

이다. s_b는 회귀계수의 표준편차로 〈식 14.8〉과 같다.

$$〈식\ 14.8〉\ s_b = \sqrt{\frac{s_{YX}^2}{\Sigma(x_i - \bar{x})^2}}$$

$$단,\ s_{YX}^2 = \frac{\Sigma(y_i - \hat{y}_i)^2}{n-2} = \frac{\Sigma(y_i - \bar{y})^2 - b\Sigma(x_i - \bar{x})(y_i - \bar{y})}{n-2}$$

이며 분산분석표에서 MSE와 같다.

〉〉〉 회귀계수의 분산

$$V(b) = V(\frac{\Sigma(x_i - \bar{x})(y_i - \bar{y})}{\Sigma(x_i - \bar{x})^2}) = \frac{s_{YX}^2}{\Sigma(x_i - \bar{x})^2}$$

검정가설은

귀무가설 : 모회귀계수는 0이다. $(H_0 : \beta = 0)$

대립가설 : 모회귀계수는 0이 아니다. $(H_I : \beta \neq 0)$ 이고 검정 과정은 이미 설명한 t 검정 과정과 같다.

[예제 14.2] 〔예제 14.1〕의 자료를 토대로 절편과 회귀계수의 유의성을 검정하라. 유의수준은 5%로 한다.

● 풀이 ●

〔예제 14.1〕에서 $\Sigma(x_i - \bar{x})^2 = 859.73$, $\Sigma(y_i - \bar{y})^2 = 16,959.6$,

$\Sigma(x_i - \bar{x})(y_i - \bar{y}) = 2,964.8$, $\bar{x} = 48.53$, $\bar{y} = 89.4$ 이고

회귀직선식은 $\hat{Y} = -78.03 + 3.45X$로 추정되었다.

1) 절편의 검정

(1) 귀무가설 : 모회귀직선은 원점을 통과한다. ($H_0 : \alpha = 0$)

대립가설 : 모회귀직선은 원점을 통과하지 않는다. ($H_1 : \alpha \neq 0$)

(2) $s_{YX}^2 = MSE = (16,959.6 - 3.45 \times 2,964.8)/13 = 517.77$

$s_a = \sqrt{517.77 \times (1/15 + 48.53^2/859.73)} = 38.12$

(3) 검정통계량 $t = \dfrac{-78.03}{38.12} = -2.05$

t 분포표에서 $t_{0.05/2, 13} = 2.160$ 이므로 귀무가설이 옳을 때

$P(t < -2.05) > 0.05$ 이다. 따라서 귀무가설을 기각할 수 없다.

(4) 모회귀직선의 절편은 0이라고 할 수 있다.

2) 회귀계수의 검정

(1) 귀무가설 : 모회귀계수는 0이다. ($H_0 : \beta = 0$)

대립가설 : 모회귀계수는 0이 아니다. ($H_1 : \beta \neq 0$)

(2) $s_{YX}^2 = MSE = 517.77$

$s_b = \sqrt{517.77/859.73} = 0.78$

(3) 검정통계량 $t = \dfrac{3.45}{0.78} = 4.42$

t 분포표에서 $t_{0.05/2, 13} = 2.160$ 이므로 귀무가설이 옳을 때

$P(t > 4.42) < 0.05$ 이다. 따라서 귀무가설을 기각한다.

(4) 모회귀직선의 회귀계수는 0이 아니다.

2.5. 결정계수

회귀직선을 추정하고 분석하는 목적은 설명변수 X의 함수로 나타나는 반응변수 Y의 값을 예측하는 데 있다. 당연히 X를 통해서 Y를 얼마나 잘 예측

할 수 있는가를 검토하고 제시할 수 있어야 한다. 이것은 결국 X를 통해서 Y를 예측할 때 Y의 변이가 얼마나 잘 설명되는가에 대한 것이다.

회귀에 의해서 설명되는 Y의 변이는 〈식 14.9〉와 같이 Y의 전체 분산에 대한 추정치 $\hat{Y}$의 분산비로 정의할 수 있으며 이 분산비를 결정계수(決定係數 : coefficient of determination)라고 한다.

〈식 14.9〉 $$\frac{\Sigma(\hat{y}_i-\bar{y})^2}{\Sigma(y_i-\bar{y})^2}=\frac{[\Sigma(x_i-\bar{x})(y_i-\bar{y})]^2}{\Sigma(x_i-\bar{x})^2\times\Sigma(y_i-\bar{y})^2}$$

〈식 14.9〉는 표본상관계수(r)를 제곱한 값과 같으므로 결정계수를 일반적으로 r^2로 표기한다. r^2 값은 0과 1 사이에 존재하며 r^2 값이 1.0이면 Y의 변이가 X에 의해 완전히 설명된다는 것이다. 반면에 r^2 값이 0.0이면 Y의 변이가 X에 의해 전혀 설명되지 않는다는 것을 의미한다.

[예제 14.3] 〔예제 14.1〕에서 체장을 설명변수로 하는 회귀직선식의 결정계수를 구하라.

● 풀이 ●

$r^2=\dfrac{(2,964.8)^2}{859.73\times16,959.6}=0.60$이다. 체장이 체중의 변이 중 60%를 설명한다.

3. 모집단 절편과 회귀계수의 구간추정

〔예제 14.2〕에서 검정한 바대로 회귀계수는 유의하며 절편은 유의하지 않다는 결론을 내리더라도 문제는 남는다. 표본 회귀계수의 값이 모회귀계수를 얼마나 잘 반영하고 있는가? 하는 것이다. 실제로 모집단에서의 모수인 회귀계수나 절편을 알 수는 없다. 무한 모집단의 경우 전수를 조사하여 이들을 산

출하는 것은 불가능하기 때문이며 따라서 모회귀계수와 모절편은 미지(未知)인 채 남아 있게 된다. 그러나 표본으로부터 추정된 회귀계수나 절편과 그들의 분산을 토대로 하여 모회귀계수나 절편이 일정한 확률로 존재할 수 있는 범위는 추정할 수 있다.

모수가 일정한 확률로 존재하는 구간을 추정함으로써 모집단의 특성을 추정할 수 있게 되는데 이를 구간추정이라고 한다(**제6장 추정** 참조). **표본에서 얻은 회귀직선을 토대로 하는 모수의 구간(confidence interval) 추정은 1) 절편의 신뢰구간, 2) 회귀계수의 신뢰구간, 3) 변수 X의 값 x_i이 주어질 때 추정된 $\hat{y}_i$ 값의 신뢰구간 등이다.**

3.1. 절편의 신뢰구간

검정통계량 $t = \dfrac{a-\alpha}{s_a}$ (〈식 14. 5〉)를 α를 중심으로 정리하면 모절편의 $(1-\alpha)\times 100\%$ 신뢰구간은 〈식 14. 10〉과 같이 된다.

〈식 14. 10〉 신뢰구간의 하한값 : $a - t_{\alpha/2,\nu} \times s_a$

신뢰구간의 상한값 : $a + t_{\alpha/2,\nu} \times s_a$

단, 자유도 $\nu = n-2$ 이다.

[예제 14.4] 〔예제 14.1〕의 회귀직선식에서 모절편의 95% 신뢰구간을 구하라.

● 풀이 ●

추정된 회귀직선의 절편(a)은 -78.03, 표준편차(s_a)는 38.12, $t_{0.025,13}$는 2.160이므로 α의 95% 신뢰구간은

$(-78.03 - 2.160 \times 38.12 = -160.37,\ -78.03 + 2.160 \times 38.12 = 4.31)$이다.

신뢰구간이 0을 포함하고 있으므로 추정된 절편이 유의하지 않다고 할 수 있으며 실제 절편의 검정 결과와 같다.

3.2. 회귀계수의 신뢰구간

검정통계량 $t = \frac{b-\beta}{s_b}$ (〈식 14.7〉)을 β를 중심으로 정리하면 모회귀계수 β의 $(1-\alpha) \times 100\%$에서의 신뢰구간은 〈식 14.11〉과 같이 된다.

〈식 14.11〉 신뢰구간의 하한값 : $b - t_{\alpha/2,\nu} \times s_b$

신뢰구간의 상한값 : $b + t_{\alpha/2,\nu} \times s_b$

단, 자유도 $\nu = n-2$이다.

[예제 14.5] 〔예제 14.1〕의 회귀직선식에서 모회귀계수의 95% 신뢰구간을 구하라.

● 풀이 ●

추정된 회귀직선식의 계수(b)는 3.45, 표준편차(s_b)는 0.78, $t_{0.025,13}$은 2.160이므로 모회귀계수 β의 95% 신뢰구간은 $(3.45 - 2.160 \times 0.78 = 1.77,\ 3.45 + 2.160 \times 0.78 = 5.13)$이다.

신뢰구간의 하한값이 0보다 크므로 회귀계수는 유의하며 실제 회귀계수의 검정 결과와 같다.

3.3. 모수 μ_Y의 신뢰구간

회귀직선은 설명변수 X의 값 x_i가 주어질 때 반응변수 Y의 값은 평균이 μ_{yi}이고 분산이 σ^2_{YX}인 정규분포를 한다고 가정한다. 그러므로 설명변수 X

의 값 x_i가 주어질 때, 반응변수 Y의 추정 값 $\hat{y}_i$는 μ_{yi}의 추정 값이다. 그러나 $\hat{y}_i$는 추정치일 뿐 모수와 같을 수는 없다. 모수인 μ_{yi}는 두 대응모집단의 요소를 모두 알기 전에는 알 수 없으며 무한모집단의 경우에는 불가능하다. 따라서 μ_{yi}의 정확한 값 대신에 μ_{yi}가 일정한 확률로 존재하는 구간을 추정함으로써 설명변수에 대한 반응변수의 반응을 추정하게 된다.

확률변수 t를 〈식 14. 12〉와 같이 정의하면 t는 자유도 $n-2$ 인 t 분포를 한다.

〈식 14. 12〉 $t = \dfrac{\hat{y}_i - \mu_{yi}}{s_{\hat{y}}}$

〈식 14. 12〉를 $\mu_{\hat{y}i}$를 중심으로 정리하면 $\mu_{\hat{y}i}$의 신뢰구간은 〈식 14. 13〉과 같이 된다.

〈식 14. 13〉 $\mu_{\hat{y}i}$의 하한값 : $\hat{y}_i - t_{\alpha/2,\nu} \times s_{\hat{y}}$

$\mu_{\hat{y}i}$의 상한값 : $\hat{y}_i + t_{\alpha/2,\nu} \times s_{\hat{y}}$

단, 자유도 $\nu = n-2$ 이며

표준편차 $s_{\hat{y}} = \sqrt{s^2_{YX}(1/n + \dfrac{(x_i - \bar{x})^2}{\Sigma(x_i - \bar{x})^2}}$ 이다.

〉〉〉 추정치 $\hat{y}_i$의 분산

설명변수와 반응변수 간 회귀관계가 성립된다면

표본의 관측치 y_i 는 $y_i = \alpha + \beta x_i + e_i$ 이고 $\bar{y} = \alpha + \beta\bar{x} + \bar{e}$ 이다.

그런데 y_i의 모수 μ_{yi} 는 $\mu_{yi} = \alpha + \beta x_i$ 이므로 추정치 $\hat{y}_i$ 와 모수 μ_{yi}의 편차는 $\hat{y_i} - \mu_{yi} = (\bar{y} + b(x_i - \bar{x}) - \ \alpha - \beta x_i) = (b-\beta)(x_i - \bar{x}) + \bar{e}$ 이다.

따라서 $\hat{y}$의 분산$(s_{\hat{y}})$ 은 $s^2_{\hat{y}} = \dfrac{s^2_{YX}}{n} + s^2_{YX} \times \dfrac{(x_i - \bar{x})^2}{\Sigma(x_i - \bar{x})^2}$ 이고,

표준편차는 이의 제곱근인 $s_{\hat{Y}} = s_{YX}\sqrt{\dfrac{1}{n} + \dfrac{(x_i - \bar{x})^2}{\Sigma(x_i - \bar{x})^2}}$ 이다.

μ_Y의 $1-\alpha$ 의 신뢰구간은 그러므로 $\hat{Y}-t_{\alpha/2}\times s_{\hat{Y}} \leqq \mu_Y \leq \hat{Y}+t_{\alpha/2}\times s_{\hat{Y}}$ 이 된다.

〈그림 14.5〉는 X의 값에 따른 μ_{yi}의 95% 신뢰구간을 보인 것이다. 변수 X의 평균 $\bar{x}$ 에서 신뢰구간은 최소가 되며 편차 $(x_i-\bar{x})$의 절댓값이 커질수록 신뢰구간은 넓어진다. 따라서 $\bar{x}$ 로부터 편차가 큰 X의 값 x_i 에 대한 Y의 추정치 $\hat{y}_i$ 는 신뢰도가 떨어지게 된다.

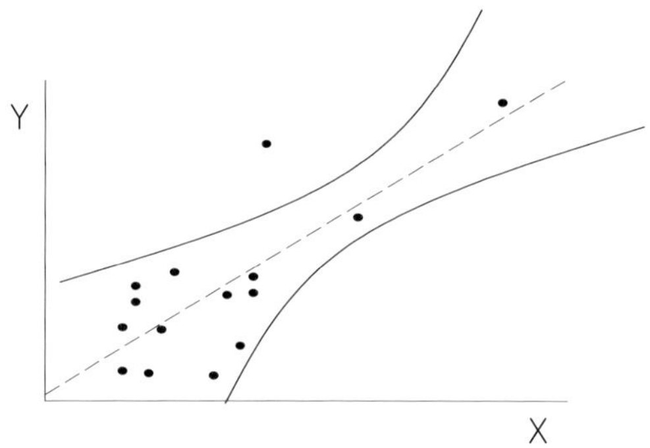

〈그림 14-5〉 μ_{yi} 의 신뢰구간

> **[예제 14.6]** 〔예제 14.1〕의 자료를 토대로 추정치 $\hat{y}_i$ 의 모수 μ_{yi} 의 95% 신뢰구간을 구하고 그림으로 그려보아라.

● 풀이 ●

$\Sigma(x_i-\bar{x})^2 = 859.73$, $\Sigma(y_i-\bar{y})^2 = 16{,}959.6$

$\Sigma(x_i-\bar{x})(y_i-\bar{y}) = 2{,}964.8$, $\bar{x} = 48.53$, $\bar{y} = 89.4$ 〔예제 14. 1〕

$s^2_{YX} = 517.77$ 〔예제 14. 2〕

x_i	41	41	42	42	43	44	45	48	49	50	51	51	52	59	70
$\widehat{y_i}$	63.42	63.42	66.87	66.87	70.32	73.77	77.22	87.57	91.02	94.47	97.92	97.92	101.37	125.52	163.47
하한	45.51	45.51	50.11	50.11	54.60	58.97	63.22	74.91	78.36	81.53	84.57	84.57	87.39	103.86	125.30
상한	81.33	81.33	83.63	83.63	86.04	88.57	91.22	100.23	103.68	107.41	111.27	111.27	115.35	147.18	201.64

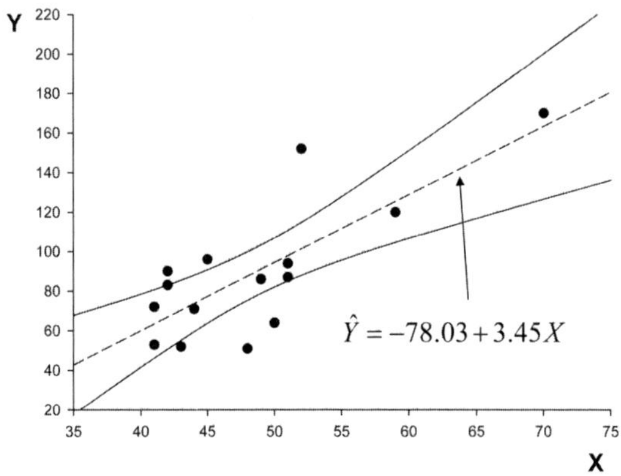

〈그림 14-6〉 μ_{yi} 의 95% 신뢰구간

4. 곡선 회귀

설명변수와 이에 반응하는 반응변수 간의 회귀 관계는 설명한 바와 같이 직선 회귀로 분석되는 것이 일반적이다. 그러나 많은 생물 현상들은 반응 변수가 설명변수에 대해 직선적이 아니라 곡선적인 반응을 보인다. 다음 사례들은 그 예이다.

〉〉〉 사례 14.5

쌀 수확량은 일정 한도까지 질소비료 시비량에 비례하지만 질소비료의 과다 시비는 오히려 수확량을 떨어뜨린다.

>>> 사례 14.6

인구는 시간이 흐름에 따라 기하급수적으로 증가하거나, 자원이 한계에 도달하는 경우 시그모이드형을 보인다.

>>> 사례 14.7

곤충의 발육은 온도가 높아짐에 따라 빨라지지만 최적 온도를 지난 고온에서는 오히려 늦어지는 곡선적 반응을 보인다.

>>> 사례 14.8

광도(光度)가 일정한 강도역에 이르기까지 식물의 광합성율은 증가하나 역치 이상이 되면 정체되어 전체적으로 곡선적인 관계를 보인다.

이와 같이 반응변수 Y와 설명변수 간에 $Y=f(X)$인 함수가 성립하지만 $f(X)$가 일차함수가 아닌 곡선 함수가 될 때, Y는 X에 곡선 회귀 관계(non-linear regression, curvilinear regression)에 있다고 한다. 변수 X에 대한 변수 Y의 반응을 추정하는 최적의 곡선함수를 찾고 이에 대한 통계 분석을 하는 과정을 곡선 회귀 분석이라 한다.

여기서는 곡선회귀에 대해 간단하게 취급한다. 곡선회귀에 대한 보다 깊은 이해가 필요한 경우 적절한 통계학 서적들을 참고하기 바란다.

4.1. 선험적 곡선 회귀방정식

다음은 대표적인 곡선회귀 관계의 모양과 이에 적합하다고 알려진 함수들을 보인 것이다.

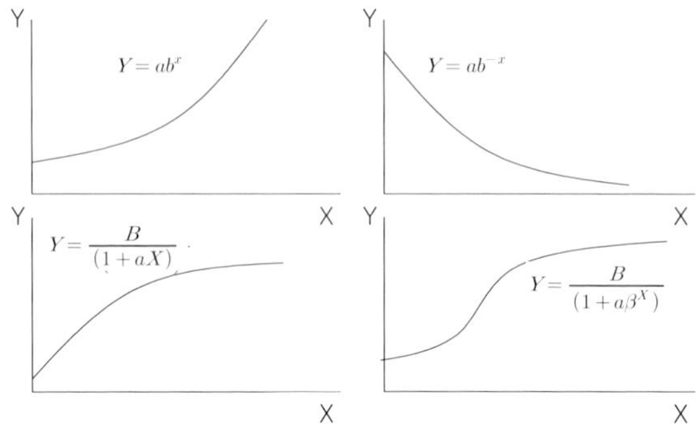

〈그림 14-7〉 여러 가지 형태의 곡선회귀

4.2. 곡선회귀 방정식 추정

일반적으로 간단한 경우 곡선회귀관계도 직선회귀에서처럼 최소자승법으로 찾을 수 있다.

예를 들어 변수 Y가 X에 따라 지수 함수적으로 변동하는 모양을 보이는 현상이 있다고 하자. $Y=f(X)$에서 $f(X)$가 지수함수가 되므로 $Y=aX^b$인 방정식을 가정하고 자료를 토대로 매개변수 a와 b를 추정함으로써 회귀관계를 분석할 수 있다. 직선회귀에서와 마찬가지로 a와 b는 최소자승법에 의해서 추정할 수 있다. $Y=aX^b$에서 대수변환(對數變換)을 시행하면 $log(Y) = l\log(A) + Blog(X)$가 된다. $log(Y)$, $log(A), log(X)$를 각각 W, C, V라 하면 $W=C+BV$의 일차함수가 유도된다. 이 변환식에서 a와 b를 추정하고 다시 원 식으로 변환하면 우리가 원하는 곡선함수를 얻을 수 있다. 다음 예제는 그 예이다.

[예제 14.7] 다음 자료는 양파 구근의 직경(X)(mm)과 무게(Y)(g)를 측정한 자료이다. 직선회귀와 곡선회귀식을 구하고 비교하라.

X	35.1	35.3	35.5	41.4	53.9	58.1	60.0	66.2	69.2	73.1	81.7	92.4
V	1.545	1.548	1.550	1.617	1.732	1.764	1.778	1.821	1.840	1.864	1.912	1.966
Y	34.3	24.1	24.4	42.0	78.7	80.0	96.2	115.3	146.6	137.1	198.0	300.2
W	1.535	1.382	1.387	1.623	1.896	1.903	1.983	2.061	2.166	2.137	2.297	2.477

$V = logX$, $W = log Y$

● 풀이 ●

1) 직선추정식

$\Sigma(x_i - \bar{x})^2 = 4005.17$, $\Sigma(y_i - \bar{y})^2 = 72,998.09$

$\Sigma(x_i - \bar{x})(y_i - \bar{y}) = 16,348.25$

$\bar{x} = 58.49$, $\bar{y} = 106.41$이다.

따라서 직선추정식은 $\hat{Y} = -132.34 + 4.08X$이고 결정계수는 0. 92이다.

2) 곡선회귀 추정식

$\Sigma(v_i - \bar{v})^2 = 0.24$, $\Sigma(w_i - \bar{w})^2 = 1.39$, $\Sigma(v_i - \bar{v})(w_i - \bar{w}) = 0.57$

$\bar{v} = 1.74$, $\bar{w} = 1.90$ 이다.

따라서 곡선회귀 추정식은 $W = -2.25 + 2.38V$, 즉 $\hat{Y} = 0.0056X^{2.38}$이며 결정계수는 0. 98이다. 다음 표는 직선회귀와 곡선회귀에 의한 무게의 추정치이다. 표에서 보인 바와 같이 곡선 추정식이 실제 관측치를 보다 잘 반영하는 것을 볼 수 있다.

[예제 14.7]의 자료를 토대로 한 실제 관측치, 직선회귀에 의한 추정치 및 곡선회귀에 의한 추정치 비교

X	35.1	35.3	35.5	41.4	53.9	58.1	60.0	66.2	69.2	73.1	81.7	92.4
Y	34.3	24.1	24.4	42.0	78.7	80.0	96.2	115.3	146.6	137.1	198.0	300.2
직선 $\hat{Y}$	10.8	11.7	12.5	36.6	87.6	104.7	112.5	137.8	147.0	165.9	201.0	244.7
곡선 $\hat{Y}$	26.7	27.0	27.4	39.5	74.0	88.5	95.5	120.7	134.2	152.9	199.2	267.0

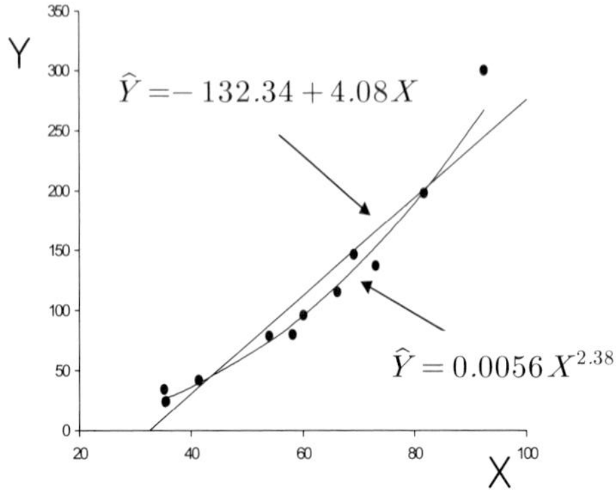

〈그림 14-8〉 직선회귀식과 곡선회귀식의 비교

제15장 공분산분석

세 가지 이상의 표본 평균 간의 차이 검정은 분산분석으로 수행한다는 것은 이미 설명한 바와 같다(9 · 10장 참조). 분산분석이 이루어지기 위해서는 처리가 서로 독립이며 주어진 인자에 대한 처리에 대한 반응이 동일하다는 가정에서 출발한다. 그러나 때로는 처리에 대한 반응이 다른 인자에 의존되어 있을 때, 즉 처리에 대한 반응이 처리의 대상 상태에 따라 차이가 있을 때, 가설 검정을 수행하는 실험자가 의존되어 있는 다른 인자를 조절할 수 없는 실험 자료를 토대로 가설을 검정하기가 어렵다. 자료 처리에서 오는 반응과 처리 대상의 상태에서 오는 반응을 분리하기가 어렵기 때문이다. 몇 가지 사례를 보자.

〉〉〉 사례 15.1

새로 개발된 비료가 기존의 비료보다 우수하다는 가설을 검정하고자 비료 시험을 수행하였다. 이미 사용되어 오던 비료와 새로 개발된 비료를 여러 수준으로 재배 중인 작물에 처리하고 일정한 시간 후에 작물의 생장량을 기록하였다. 이 자료를 토대로 비료의 효과를 검정하였다. 그 결과 새로 개발된 비료의 효과가 기존의 비료와 차이가 없다는 결론을 얻었다. 자료를 다시 분석한 결과 동일 처리구에서도 생장량의 차이가 커서 이로 인해 처리 간 차이가 드러나지 않는다는 사실을 알게 되었고 이 이유는 작물의 키에 따라 반응이 달랐기 때문으로 판단되었다. 이 경우 새로운 비료의 효과는 동시에 작물의 키에 따라 나타나는 생장량의 차이에 의해 피복된 것이므로 이 인자를 분리하는 것이 중요한 과제이다.

〉〉〉 사례 15.2

오이 생산을 하는 농가에서 진딧물을 방제하기 위한 어떤 살충제의 처리가 소득에 미치는 영향을 조사하고자 한다. 이 경우 살충제 처리 후 얻게 되는 소득은 살충제 살포 이전에 오이에 서식하는 진딧물의 밀도에 따라 차이를 보이게 된다. 진딧물의 밀도가 높을 경우 이미 상당한 양의 회복할 수 없는 피해를 입고 있으므로 살충제 살포에 따른 소득은 그만큼 감소할 것이기 때문이다. 살충제 효과는 진딧물의 밀도에 따라 차이를 보이게 되며 이를 감안하지 않을 경우 가설의 검정에서 잘못된 결론을 얻을 수 있다.

〉〉〉 사례 15.3

어떤 무기물을 첨가한 사료를 급여하는 것이 돼지의 비육에 효과가 있는지를 검정하고자 일정 기간 동안 무기물을 여러 수준으로 첨가한 사료를 급여한 후 체중의 증가량을 측정하여 무기물 효과를 분석하도록 계획하였다. 이 경우 지나쳐서는 안 되는 사실이 초기 체중에 따라 체중의 증가량이 다를 수 있다는 것이다. 가능한 한 동일한 체중을 가진 돼지를 대상으로 실험을 하는 것이 바람직하겠지만 서로 다른 체중의 돼지를 대상으로 처리할 수밖에 없는 상황에서는 체중에 따른 반응상의 차이를 분리할 수 있는 방법을 강구하여야 한다.

이러한 예들에서 보여준 것처럼 **실험상 어떤 처리에 대한 반응 결과가 처리가 아닌 다른 또 다른 변수(공변수)에 종속되어 있는 경우 분산분석에 의한 처리 효과 검정의 정확도는 크게 낮아지며 따라서 오류를 범할 확률이 높아진다.**

이를 억제하기 위해서는 처리 이외의 공변수에 의한 효과를 분리함으로써 처리 효과를 추정해야 한다. 이렇게 공변수의 효과를 분리하여 처리 효과 검정을 하고자 하는 분산분석의 방법을 공분산분석(ANalysis of COVAriance : Ancova)이라고 한다. 공분산분석은 공변수에 의한 반응의 차이를 회귀관계를 이용해서 분리한다는 면에서 분산분석과 회귀분석을 통합한 분석 방법이라고 할 수 있다.

1. 공분산분석의 통계적 모형

공분산분석은 관측치가 검정하고자 하는 인자의 영향을 받지 않을 때 기대치(μ), 처리 효과($\tau_i = \mu_i - \mu$), 종속된 공변수에 의존된 반응의 효과($\beta(x_{ij} - \overline{x..})$)의 효과와 실험(관측) 오차($\varepsilon_{ij}$)의 기대치의 합으로 구성되어 있다는 가정에서 출발한다. 따라서 일원공분산 분석의 통계적 모형은 〈식 15. 1〉과 같다.

〈식 15. 1〉 $y_{ij} = \mu + \tau_i + \beta(x_i - \overline{x..}) + \varepsilon_{ij}$

단, y_{ij}는 i번째 처리의 j번째 관측치이며, β는 공변수 X에 대한 Y의 회귀계수이다. ε_{ij}는 평균 0, 분산이 σ^2인 정규분포를 하는 변수이다.

〈식 15. 1〉에서부터 공변수에 대한 회귀계수가 0이면 일원분산분석과 같은 경우가 됨을 알 수 있다.

2. 공분산분석에 의한 처리 효과 검정

공분산분석의 귀무가설(H_0)과 대립가설(H_1)은 분산분석에서와 동일하다.

그러나 관측치들의 표본평균값을 토대로 처리 간 차이를 비교하는 분산분석과는 달리 처리 간 차이를 검정하기 위해서 관측치에서부터 실험(관측) 오차뿐만 아니라 공변수의 함수에 의한 값을 제한 보정평균(adjusted mean) $(\bar{x}_i - \beta\overline{x_i})$ 을 토대로 한다. 이것이 가능하기 위해서는 다음 가정들이 충족되어야 한다.

1) 공변수의 회귀계수인 β가 0이 아니다. 회귀계수가 0이라면 공분산분석의 의미가 없기 때문이다.
2) 모든 처리별 회귀계수가 동일하다. 다시 말해서 처리와 공변수간의 상호작용이 없어야 한다는 것이다. 따라서 공분산분석을 수행하려면 우선적으로 처리그룹과 공변수 간의 상호작용에 대한 검정이 선행되어야 한다.

3. 공분산분석과정

일원 배치된 공분산분석 자료는 〈표 15-1〉와 같이 정리된다.

〈표 15-1〉 일원 배치된 공분산분석 자료 정리표

반복	A		B		C		·	K	
	X	Y	X	Y	X	Y	·	X	Y
1	x_{a1}	y_{a1}	x_{b1}	y_{b1}	x_{c1}	y_{c1}	·	x_{k1}	y_{a1}
2	x_{a2}	y_{a2}	x_{b2}	y_{b2}	x_{c2}	y_{c2}	·	x_{k2}	y_{a1}
3	x_{a3}	y_{a3}	x_{b3}	y_{b3}	x_{c3}	y_{c3}	·	x_{k3}	y_{a1}
·	·	·	·	·	·	·	·	·	·
n	x_{an}	y_{an}	x_{bn}	y_{bn}	x_{cn}	y_{cn}	·	x_{kn}	y_{a1}
합	$x_{a\cdot}$	$y_{a\cdot}$	$x_{b\cdot}$	$y_{b\cdot}$	$x_{c\cdot}$	$y_{a\cdot}$	·	$x_{k\cdot}$	$y_{k\cdot}$
평균	$\overline{x_{a\cdot}}$	$\overline{y_{a\cdot}}$	$\overline{x_{b\cdot}}$	$\overline{y_{b\cdot}}$	$\overline{x_{c\cdot}}$	$\overline{y_{c\cdot}}$	·	$\overline{x_{k\cdot}}$	$\overline{y_{k\cdot}}$
전체합	$x_{\cdot\cdot} = \Sigma\Sigma x_{ij}$					$y_{\cdot\cdot} = \Sigma\Sigma y_{ij}$			
전체평균	$\overline{x_{\cdot\cdot}}$					$\overline{y_{\cdot\cdot}}$			

* 이 표에서 Y는 X와 회귀관계에 있는 반응변수이며, 따라서 X는 공변수이다.

3.1. 분산 요인의 분산 추정

〈식 15. 1〉과 〈표 15-1〉로부터 분산 요인과 분산추정은 대체로 분산분석에서와 같다. 다만 공분산분석에서는 공변수에 의한 회귀분산을 추정해서 처리의 분산을 보정하는 과정이 추가된다(〈표 15-2〉).

X, Y, XY의 보정항 : $CF_X = x^2_{..}/N$, $CF_Y = y^2_{..}/N$,

$CF_{XY} = x_{..} \times y_{..}/N$

단, $N = \sum_{i=1}^{K} n_i$ 이다.

X의 전체 제곱합 : $SSX = \Sigma\Sigma x_{ij}^2 - CF_X$

Y의 전체 제곱합 : $SSY = \Sigma\Sigma y_{ij}^2 - CF_Y$

XY 전체 제곱합 : $SSXY = \Sigma\Sigma x_{ij} \times y_{ij} - CF_{XY}$

X의 처리 제곱합 : $SS_{TX} = \Sigma(x_{i.}^2/n_i) - CF_X$

Y의 처리 제곱합 : $SS_{TY} = \Sigma(y_{i.}^2/n_i) - CF_Y$

XY의 처리 제곱합 : $SS_{TXY} = \Sigma(x_{i.} \times y_{i.}/n_i) - CF_{XY}$

X의 오차 제곱합 : $SSE_X = SSX - SS_{TX}$

Y의 오차 제곱합 : $SSE_Y = SSY - SS_{TY}$

XY의 오차 제곱합 : $SSE_{XY} = SSXY - SS_{TXY}$

Y의 오차 제곱합(SSE_Y) 중 X와의 회귀관계에 의한 오차 제곱합($SS_{Y|X}$)은 $SS_{Y|X} = (SSE_{XY})^2/SSE_X$이고, Y의 잔차 제곱합(SSE_D)은 $SSE_D = SSE_Y - SS_{Y|X}$이다.

〈표 15-2〉 공분산분석에서의 각 요인별 제곱합

분산요인	자유도	X	XY	Y
전체	$kn-1$	SSX	$SSXY$	SSY
처리	$k-1$	SS_{TX}	SS_{TXY}	SS_{TY}
오차	$k(n-1)$	SSE_X	SSE_{XY}	SSE_Y
회귀	1			$SS_{Y\mid X}$
잔차	$k(n-1)-1$			SSE_D

3.2. 가설 검정

공분산분석은 〈식 15. 1〉에서 보인 바와 같이 처리의 분산이 처리 자체에 의한 분산과 아울러 공변수에 의한 회귀분산으로 구성되어 있는 상황에서 이루어지는 것이다. 그러므로 처리 간의 비교는 처리에 의한 분산에서 회귀에 의한 분산을 제하고 분석을 하여야 한다. 따라서 귀무가설, "처리 간 차이가 없다"를 검정하는 과정에서 검정통계량은 처리의 분산과 오차분산의 비가 아니라 처리의 분산에서 회귀에 의한 분산을 제한 분산과 오차분산의 비가 된다.

그러므로 처리의 분산은 $Y-bX$의 분산이 되고 제곱합은 〈식 15. 2〉와 같이 정리된다.

〈식 15. 2〉 $$SS_{(Y-bX)} = SSE_Y - 2bSSE_{XY} + b^2 SSE_X$$

$$= SSE(b - \frac{SSE_{XY}}{SSE_X})^2 + SSE_Y - \frac{SSE_{XY}^2}{SSE_X}$$

"처리 간 차이가 없다"는 귀무가설이 옳다면 전체 분산은 오직 회귀와 오차만으로 이루어질 것이기 때문에 처리와 오차 제곱합의 합(분산의 합), $(SSE_{YT} = SS_{TY} + SSE_Y)$이 오차의 제곱합$(SSE_Y)$과 차이가 없을 것이 기대된다. 그러므로 SSE_{YT}와 SSE_Y의 차이가 있는지를 검토함으로써 귀무가설을 검정할 수 있다. 분산의 비는 F 분포를 한다는 것이 알려져 있으므로 검정통계량은 F가 된다.

〈표 15-3〉은 이 검정과정을 정리한 것이다.

〈표 15-3〉 공분산분석표

요인	자유도	제곱합			회귀감소	자유도	제곱합	평균 제곱합
		X	XY	Y				
처리	$k-1$	SSX	$SSXY$	SSY				
오차	$k(n-1)$	SSE_X	SSE_{XY}	SSE_Y	$SS_{Y\mid X}$	$k(n-1)-1$	SSE_D	MSE_D
처리+오차	$kn-1$	SSE_{XT}	SSE_{XYT}	SSE_{YT}	$SST_{Y\mid X}$	$kn-1-1$	SSE_{TD}	
						$k-1$	SS_D	MS_D

$SSE_D = SSE_Y - SS_{Y\mid X}$, $MSE_D = SSE_D/(k(n-1)-1)$, $SST_{Y\mid X} = SSE_{XYT}^2/SSE_{XT}$

$SSE_{TD} = SSE_{YT} - SST_{Y\mid X}$, $SS_D = SSE_{TD} - SSE_D$, $MS_D = SS_D/(k-1)$

검정통계량은 $F = \dfrac{MS_D}{MSE_D}$ 이며 자유도는 각각 $k-1$과 $k(n-1)-1$이다.

[예제 15.1] 어떤 수종(樹種)의 1년생 묘를 대상으로 일정시간 동안 세 가지 상이한 비료를 사용하여 재배한 후에 그 동안의 생장량(cm)을 조사하여 〈표〉와 같은 결과를 얻었다고 한다. 생장량은 묘의 크기에 따라 차이가 있을 것이므로 시비 전에 묘의 크기를 측정하였고 시비 후의 생장량도 그에 대응하여 조사하였다. 비료에 따라 생장량의 차이가 있는지를 분석하라. 유의수준은 5%로 한다.

A		B		C	
시비전(X)	시비후(Y)	시비전(X)	시비후(Y)	시비전(X)	시비후(Y)
23	52	29	42	29	56
33	61	42	65	33	62
34	59	38	52	39	63
41	66	33	57	47	73
36	53	44	66	35	58
43	71	34	52	42	74
36	57	32	57	36	63
28	55	37	54	33	64
274(합)	474	289	445	294	513

● 풀이 ●

1) 가설 설정

귀무가설 : 비료 간 생장량에 차이가 없다. $(H_0 : \Sigma\tau_i^2 = 0)$

대립가설 : 비료 간 생장량에 차이가 있다. $(H_I : \Sigma\tau_i^2 \neq 0)$

2) 분산요인별 제곱합의 계산

X, Y, XY의 보정항 : $CF_X = 857^2/24 = 30,602.04$

$CF_Y = 1432^2/14 = 85,442.67$

$CF_{XY} = (857 \times 1432)/24 = 51,134.33$

X의 전체 제곱합 : $SSX = 31337 - 30,602.04 = 734.96$

Y의 전체 제곱합 : $SSY = 86,736 - 85,442.67 = 1,293.33$

XY 전체 제곱합 : $SSXY = 51,849 - 51,134.33 = 714.67$

X의 처리 제곱합 : $SS_{TX} = 30,629.13 - 30,602.04 = 27.08$

Y의 처리 제곱합 : $SS_{TY} = 85,733.75 - 85,442.67 = 291.08$

XY의 처리 제곱합 : $SS_{TXY} = 51,162.88 - 51,134.33 = 28.55$

X의 오차 제곱합 : $SSE_X = 734.96 - 27.08 = 707.88$

Y의 오차 제곱합 : $SSE_Y = 1,293.33 - 291.08 = 1,002.25$

XY의 오차 제곱합 : $SSE_{XY} = 714.67 - 28.55 = 686.12$

Y의 오차 제곱합(SSE_Y) 중 X와의 회귀관계에 의한 오차 제곱합($SS_{Y|X}$)은 $SS_{Y|X} = (686.12)^2/707.88 = 665.03$이고, Y의 잔차 제곱합(SSE_D)은 $SSE_D = 1,002.25 - 665.03 = 337.22$이다.

각 요인별 제곱합을 정리하면

분산요인	자유도	X	XY	Y
전체	23	734.96	714.67	1.293.33
처리	2	27.08	28.55	291.08
오차	21	707.88	686.12	1,002.25
회귀	1			665.03
잔차	20			337.22

3) 분산분석표 작성 및 가설 검정

요인	자유도	제곱합			회귀 감소	자유도	제곱합	평균 제곱합
		X	XY	Y				
처리	2	27.08	28.55	291.08				
오차	21	707.88	686.12	1,002.25	665.03	20	337.22	16.86
처리+오차	23	734.96	714.67	1,293.33	694.94	22	598.39	
(처리+오차) - 오차						2	261.17	130.59

검정통계량은 $F = \frac{130.59}{16.86} = 7.75$

그런데 $F_{0.05,2,20} = 3.49$ 이므로,

귀무가설이 옳을 때 $P(F > 7.75) < 0.05$ 이다.

따라서 귀무가설을 기각한다. 비료 간 생장량에 차이가 있다고 판단한다.

부록

Ⅰ. 난수표

0	10097	32533	76520	13586	34673	54876	80959	9117	29292	74945
1	37542	4805	64894	74296	24805	24037	20636	10402	822	91665
2	08422	68953	19645	09303	23209	02560	15953	34764	25080	33606
3	99019	02529	09376	70715	38311	31165	88676	74397	04436	27659
4	12807	99970	80157	36147	64032	36653	98951	16877	12171	76833
5	66065	74717	34072	76850	36697	36170	65813	39885	11199	29170
6	31060	10805	45571	82406	35303	42614	86799	07439	23403	09732
7	85269	77602	02051	65692	68665	74818	73053	85247	18623	88579
8	63573	32135	05325	47048	90553	57548	28468	28709	83491	25624
9	73796	45753	03529	64778	35808	34282	60935	20344	35273	88435
10	98520	17767	14905	68607	22109	40558	60970	93433	50500	73998
11	11805	05431	39808	27732	50725	68248	29405	24201	52775	67851
12	83452	99634	6288	98083	13746	70078	18475	40610	68711	77817
13	88685	40200	86507	58401	36766	67951	90364	76493	29609	11062
14	99594	67348	87517	64969	91826	08928	93785	61368	23478	34113
15	65481	17674	17468	50950	58047	76974	73039	57186	40218	16544
16	81024	35635	17727	08015	45318	22374	21115	78253	14385	53763
17	74350	99817	77402	77214	43236	00210	45521	64237	96286	02655
18	69916	26803	66252	29148	36936	87203	76621	13990	94400	56418
19	09893	20505	14225	68514	46427	56788	96297	78822	54382	14598
20	91499	14523	68479	27686	46162	83554	94750	89923	37089	20048
21	80336	94598	26040	36858	70297	34135	53140	33340	42050	82341
22	44104	81949	85157	47954	32979	26575	57600	40881	22222	06413
23	12550	73742	11100	03040	12680	74697	96644	89439	28707	25815
24	63606	49329	16505	34484	40219	52563	43651	77082	07207	31790
25	61196	90446	26457	47774	51924	33729	65394	59593	42582	60527
26	15474	45266	95270	79953	59367	83848	82396	10118	33211	59466
27	94557	28573	67897	54387	54622	44431	91190	42592	92927	45973
28	42481	16213	97344	08721	16868	48767	03071	12059	25701	46670
29	23523	78317	73208	89837	68035	91416	26252	29663	05522	82562

Ⅱ. 표준정규분포표

Z	0	0. 01	0. 02	0. 03	0. 04	0. 05	0. 06	0. 07	0. 08	0. 09
0	0. 5	0. 504	0. 508	0. 512	0. 516	0. 5199	0. 5239	0. 5279	0. 5319	0. 5359
0. 1	0. 5398	0. 5438	0. 5478	0. 5517	0. 5557	0. 5596	0. 5636	0. 5675	0. 5714	0. 5753
0. 2	0. 5793	0. 5832	0. 5871	0. 591	0. 5948	0. 5987	0. 6026	0. 6064	0. 6103	0. 6141
0. 3	0. 6179	0. 6217	0. 6255	0. 6293	0. 6331	0. 6368	0. 6406	0. 6443	0. 648	0. 6517
0. 4	0. 6554	0. 6591	0. 6628	0. 6664	0. 67	0. 6736	0. 6772	0. 6808	0. 6844	0. 6879
0. 5	0. 6915	0. 6959	0. 6985	0. 7019	0. 7054	0. 7088	0. 7123	0. 7157	0. 719	?0. 7224
0. 6	0. 7257	0. 7291	0. 7324	0. 7357	0. 7389	0. 7422	0. 7454	0. 7486	0. 7517	0. 7549
0. 7	0. 758	0. 7611	0. 7642	0. 7673	0. 7703	0. 7734	0. 7764	0. 7794	0. 7823	0. 7852
0. 8	0. 7881	0. 791	0. 7939	0. 7967	0. 7995	0. 8023	0. 8051	0. 8078	0. 8106	0. 8133
0. 9	0. 8159	0. 8186	0. 8212	0. 8238	0. 8264	0. 8289	0. 8315	0. 834	0. 8365	0. 8389
1	0. 8413	0. 8438	0. 8461	0. 8485	0. 8508	0. 8531	0. 8554	0. 8577	0. 8599	0. 8621
1. 1	0. 8643	0. 8665	0. 8686	0. 8708	0. 8729	0. 8749	0. 877	0. 879	0. 881	0. 883
1. 2	0. 8849	0. 8869	0. 8888	0. 8907	0. 8925	0. 8944	0. 8962	0. 898	0. 8997	0. 9015
1. 3	0. 9032	0. 9049	0. 9066	0. 9082	0. 9099	0. 9115	0. 9131	0. 9147	0. 9162	0. 9177
1. 4	0. 9192	0. 9207	0. 9222	0. 9236	0. 9251	0. 9265	0. 9279	0. 9292	0. 9306	0. 9319
1. 5	0. 9332	0. 9345	0. 9357	0. 937	0. 9382	0. 9394	0. 9406	0. 9418	0. 9429	0. 9441
1. 6	0. 9452	0. 9463	0. 9474	0. 9484	0. 9495	0. 9505	0. 9515	0. 9525	0. 9535	0. 9545
1. 7	0. 9554	0. 9564	0. 9573	0. 9582	0. 9591	0. 9599	0. 9608	0. 9616	0. 9625	0. 9633
1. 8	0. 9641	0. 9649	0. 9656	0. 9664	0. 9671	0. 9678	0. 9686	0. 9693	0. 9699	0. 9706
1. 9	0. 9713	0. 9719	0. 9726	0. 9732	0. 9738	0. 9744	0. 975	0. 9756	0. 9761	0. 9767

Z	0	0.01	0.02	0.03	0.04	0.05	0.06	0.07	0.08	0.09
2	0.9772	0.9778	0.9783	0.9788	0.9793	0.9798	0.9803	0.9808	0.9812	0.9817
2.1	0.9861	0.9826	0.983	0.9834	0.9838	0.9842	0.9846	0.985	0.9854	0.9857
2.2	0.9861	0.9864	0.9868	0.9871	0.9875	0.9878	0.9881	0.9884	0.9887	0.989
2.3	0.9893	0.9896	0.9898	0.9901	0.9904	0.9906	0.9909	0.9911	0.9913	0.9916
2.4	0.9918	0.992	0.9922	0.9925	0.9927	0.9929	0.9931	0.9932	0.9934	0.9936
2.5	0.9939	0.994	0.9941	0.9943	0.9945	0.9946	0.9948	0.9949	0.9951	0.9952
2.6	0.9953	0.9955	0.9956	0.9957	0.9959	0.996	0.9961	0.9962	0.9963	0.9964
2.7	0.9965	0.9966	0.9967	0.9968	0.9969	0.997	0.9971	0.9972	0.9973	0.9974
2.8	0.9974	0.9975	0.9976	0.9977	0.9977	0.9978	0.9979	0.9979	0.998	0.9981
2.9	0.9981	0.9982	0.9982	0.9983	0.9984	0.9984	0.9985	0.9985	0.9986	0.9986
3.0	0.9987	0.9987	0.9987	0.9988	0.9988	0.9989	0.9989	0.9989	0.999	0.999
3.1	0.999	0.9991	0.9991	0.9991	0.9992	0.9992	0.9992	0.9992	0.9993	0.9993
3.2	0.9993	0.9993	0.9994	0.9994	0.9994	0.9994	0.9994	0.9995	0.9995	0.9995
3.3	0.9995	0.9995	0.9995	0.9996	0.9996	0.9996	0.9996	0.9996	0.9996	0.9997
3.4	0.9997	0.9997	0.9997	0.9997	0.9997	0.9997	0.9997	0.9997	0.9997	0.9998
3.5	0.9998	0.9998	0.9998	0.9998	0.9998	0.9998	0.9998	0.9998	0.9998	0.9998

Ⅲ. t 분포표

	단측검정에서의 유의수준					
	0.25	0.10	0.05	0.025	0.01	0.005
	양측검정에서의 유의수준					
df	0.5	0.20	0.10	0.05	0.02	0.01
1	1	3.078	6.314	12.706	31.821	63.657
2	0.816	1.886	2.92	4.303	6.965	9.925
3	0.765	1.638	2.353	3.182	4.541	5.841
4	0.741	1.533	2.132	2.776	3.747	4.604
5	0.727	1.476	2.015	2.571	3.365	4.032
6	0.718	1.44	1.943	2.447	3.134	3.707
7	0.711	1.415	1.895	2.365	2.998	3.499
8	0.706	1.397	1.86	2.306	2.896	3.355
9	0.703	1.383	1.833	2.262	2.821	3.25
10	0.7	1.372	1.812	2.223	2.764	3.169
11	0.697	1.363	1.796	2.201	2.718	3.106
12	0.695	1.356	1.782	2.179	2.681	3.055
13	0.694	1.35	1.771	2.16	2.65	3.012
14	0.692	1.345	1.761	2.145	2.624	2.977
15	0.691	1.341	1.753	2.131	2.602	2.947
16	0.69	1.337	1.746	2,120	2.583	2.921

	단측검정에서의 유의수준					
	0. 25	0. 10	0. 05	0. 025	0. 01	0. 005
	양측검정에서의 유의수준					
df	0. 5	0. 20	0. 10	0. 05	0. 02	0. 01
17	0. 689	1. 333	1. 74	2. 11	2. 567	2. 898
18	0. 688	1. 33	1. 734	2. 101	2. 552	2. 878
19	0. 688	1. 328	1. 729	2, 093	2. 539	2. 861
20	0. 687	1. 325	1. 725	2. 086	2. 528	2. 845
21	0. 686	1. 323	1. 721	2. 08	2. 518	2. 831
22	0. 686	1. 321	1. 717	2. 074	2. 508	2. 819
23	0. 685	1. 319	1. 714	2. 069	2. 5	2. 807
24	0. 685	1. 318	1. 711	2. 064	2. 492	2. 797
25	0. 684	1. 316	1. 708	2. 06	2. 485	2. 787
26	0. 684	1. 315	1. 706	2. 056	2. 479	2. 779
27	0. 684	1. 314	1. 703	2. 052	2. 473	2. 771
28	0. 683	1. 313	1. 701	2. 048	2. 467	2. 763
29	0. 683	1. 311	1. 699	2. 045	2. 462	2. 756
30	0. 683	1. 31	1. 697	2. 042	2457	2. 75
40	0. 679	1. 303	1. 684	2. 021	2. 423	2. 704
60	0. 677	1. 296	1. 671	2	2. 39	2. 66
120	0. 677	1. 289	1. 658	1. 98	2. 358	2. 617
∞	0. 674	1. 282	1. 645	1. 96	2. 326	2. 576

Ⅳ. F 분포표(1)

유의수준 : 0.05											
v_2 \ v_1	1	2	3	4	5	6	7	8	9	12	24
1	161	200	216	225	230	234	237	236	241	243.9	249.1
2	18.5	19	19.2	19.2	19.3	19.3	19.4	19.4	19.4	19.41	19.45
3	10.1	9.55	9.28	9.12	9.01	8.94	8.89	8.85	8.81	8.74	8.64
4	7.71	6.94	6.59	6.39	6.26	6.16	6.09	6.04	6	5.91	5.77
5	6.61	5.79	5.41	5.19	5.05	4.95	4.88	4.82	4.77	4.68	4.53
6	6.99	5.14	4.87	4.53	4.39	4.28	4.21	4.15	4.1	4.00	3.84
7	5.59	4.74	4.35	4.12	3.97	3.87	3.79	3.73	3.68	3.57	3.41
8	5.32	4.46	4.07	3.84	3.69	3.58	3.5	3.44	3.39	3.28	3.12
9	5.12	4.26	3.86	3.63	3.48	3.37	3.29	3.23	3.18	3.07	2.90
10	4.96	4.1	3.71	3.48	3.33	3.22	3.14	3.07	3.02	2.91	2.74
12	4.75	3.89	3.49	3.26	3.11	3	2.91	2.85	2.8	2.69	2.51
14	4.6	3.74	3.34	3.11	2.96	2.85	2.76	2.7	2.65	2.53	2.35
16	4.49	3.63	3.24	3.01	2.85	2.74	2.66	2.59	2.54	2.42	2.24
18	4.41	3.55	3.16	2.93	2.77	2.66	2.58	2.51	2.46	2.34	2.15
20	4.35	3.49	3.1	2.87	2.71	2.6	2.51	2.45	2.39	2.28	2.08
30	4.17	3.32	2.92	2.69	2.53	2.42	2.33	2.27	2.21	2.09	1.89
40	4.08	3.23	2.84	2.61	2.45	2.34	2.25	2.18	2.11	2.00	1.79
60	4	3.15	2.76	2.53	2.37	2.25	2.17	2.1	2.04	1.92	1.70
120	3.92	3.07	2.68	2.45	2.29	2.18	2.09	2.02	1.96	1.83	1.61
∞	3.84	3	2.6	2.37	2.21	2.1	2.01	1.94	1.88	1.52	1.00

v_1 : 분자의 자유도

v_2 : 분모의 자유도

Ⅳ. F 분포표(2)

			유의수준 : 0.01								
v_2 \ v_1	1	2	3	4	5	6	7	8	9	12	24
1	4,052	5,000	5,403	5,625	5,764	5,859	5,928	5,981	6,022	6106.	6235.
2	88.5	99	99.2	99.2	99.3	99.3	99.4	99.4	99.4	99.42	99.46
3	34.1	30.8	29.5	28.7	28.2	27.9	27.7	27.5	27.3	27.05	26.60
4	21.2	18	16.7	16	15.5	15.2	15	14.8	14.7	14.37	13.93
5	16.3	13.3	12.1	11.4	11	10.7	10.5	10.3	10.2	9.89	9.47
6	13.7	10.9	9.78	9.15	8.75	8.47	8.26	8.1	7.98	10.03	9.47
7	12.2	9.55	8.45	7.85	7.46	7.19	6.99	6.84	6.72	6.47	6.07
8	11.3	8.65	7.59	7.01	6.63	6.37	6.18	6.03	5.91	5.67	5.28
9	10.6	8.02	6.99	6.42	6.06	5.8	5.61	5.47	5.35	5.11	4.73
10	10	7.56	6.55	5.99	5.64	5.39	5.2	5.06	4.94	4.71	4.33
12	9.33	6.93	5.95	5.41	5.06	4.82	4.64	4.5	4.39	4.16	3.78
14	8.86	6.51	5.56	5.04	4.69	4.46	4.28	4.14	4.03	3.80	3.43
16	8.53	6.23	5.29	4.77	4.44	4.2	4.03	3.89	3.78	3.55	3.18
18	8.29	6.01	5.09	4.58	4.25	4.01	3.84	3.71	3.6	3.37	3.00
20	8.1	5.85	4.94	4.43	4.1	3.87	3.7	3.56	3.46	3.23	2.86
30	7.56	5.39	4.51	4.02	3.7	3.47	3.3	3.17	3.07	2.84	2.47
40	7.31	5.18	4.31	3.83	3.51	3.29	3.12	2.99	2.87	2.66	2.29
60	7.08	4.98	4.13	3.65	3.34	3.12	2.95	2.82	2.72	2.50	2.12
120	6.85	4.79	3.95	3.48	3.17	2.96	2.79	2.66	2.56	2.34	1.95
∞	6.63	4.61	3.78	3.32	3.02	2.8	2.64	2.51	2.41	2.18	1.79

v_1 : 분자의 자유도

v_2 : 분모의 자유도

Ⅴ. 카이제곱분포표

df	0.995	0.99	0.975	0.95	0.05	0.025	0.01	0.005
1	3927×10^-10	1570×10^-9	9825×10^-9	3932×10^-8	3.84146	5.02389	6.6349	7.87944
2	0.0100251	0.0201007	0.0506356	0.102587	5.99147	7.37776	9.21034	10.5966
3	0.0717212	0.114832	0.25795	0.351846	7.81473	9.3484	11.3446	12.8381
4	0.20699	0.29711	0.484419	0.710721	9.48773	11.1433	13.2767	14.8602
5	0.41174	0.5543	0.831211	1.145476	11.0705	12.8325	15.0863	16.7496
6	0.675727	0.872083	1.237347	1.63539	12.5916	14.4494	16.8119	18.5476
7	0.989265	1.239043	1.68987	2.16735	14.0671	16.0128	18.4753	20.2777
8	1.344419	1.646482	2.17973	2.73264	15.5073	17.5346	20.0902	21.955
9	1.734926	2.087912	2.70039	3.32511	16.919	19.0228	21.666	23.5893
10	2.15585	2.55821	3.24697	3.9403	18.307	20.4831	23.2093	25.1882
11	2.60321	3.05347	3.81575	4.57481	19.6751	21.92	24.725	26.7579
12	3.07382	3.57056	4.40379	5.22603	21.0261	23.3367	26.217	28.2995
13	3.56503	4.10691	5.00874	5.89186	22.3621	24.7356	27.6883	29.8197
14	4.07498	4.66043	5.62872	6.57063	23.6848	26.119	29.1413	31.3193
15	4.60094	5.22935	6.26214	7.26094	24.9958	27.4884	30.5779	32.8013
16	5.14224	5.81221	6.90766	7.96164	26.2962	28.8454	31.9999	34.2672
17	5.69724	6.40776	7.56418	8.67176	27.5871	30.191	33.4087	35.7185
18	6.26481	7.01491	8.23075	9.39046	28.8693	31.5264	34.8053	37.1564
19	6.84398	7.63273	8.90655	10.117	30.1435	32.8523	36.1908	38.5822
20	7.43386	8.2604	9.59083	10.8508	31.4104	34.1696	37.5662	39.9968
21	8.03366	8.8972	10.28293	11.5913	32.6705	35.4789	38.9321	41.401
22	8.64272	9.54249	10.9823	12.338	33.9244	36.7807	40.2894	42.7956
23	9.26042	10.19567	11.6885	13.0905	35.1725	38.0757	41.6384	44.1813
24	9.88623	10.8564	12.4011	13.8484	36.4151	39.3641	42.9798	45.5585
25	10.5197	11.524	13.1197	14.6114	37.6525	40.6465	44.3141	46.9278
26	11.1603	12.1618	13.8439	15.3791	38.8852	41.9232	45.6417	48.2899

df	0.995	0.99	0.975	0.95	0.05	0.025	0.01	0.005
27	11.8076	12.8786	14.5733	16.1513	40.1133	43.1944	46.963	49.6449
28	12.4613	13.5648	15.3079	16.9279	41.3372	44.4607	48.2782	50.9933
29	13.1211	14.2565	16.0471	17.7083	42.5569	45.7222	49.5871	52.3356
30	13.7867	14.9535	16.7908	18.4926	43.7729	46.9792	50.8922	53.672
40	20.7065	22.1643	24.4331	26.5093	55.7585	59.3417	63.6907	66.7659
50	27.997	29.7067	32.3574	34.7642	67.5048	71.4202	76.1539	79.49
60	35.5346	37.4848	40.4817	43.1879	79.0819	83.2976	88.3794	91.9517
70	43.2752	45.4418	48.7576	51.7393	90.5312	95.0231	100.425	104.215
80	51.172	53.54	57.1532	60.3915	101.879	106.629	112.829	116.321
90	59.1963	61.7541	65.6466	69.126	113.145	118.136	124.116	128.299
100	67.3276	70.0648	74.2219	77.9295	124.342	129.561	135.807	140.169

VI. Wilcoxon 부호-순위 검정표

	0. 1		0. 05		0. 02		0. 01	
n	하한	상한	하한	상한	하한	상한	하한	상한
1	-		-		-		-	
2	-		-		-		-	
3	-		-		-		-	
4	-		-		-		-	
5	0	15	-		-		-	
6	2	19	0	21	-		-	
7	3	25	2	26	0	28	-	
8	5	31	3	33	1	35	0	36
9	8	37	5	40	3	42	1	44
10	10	45	8	47	5	50	3	52
11	13	53	10	56	7	59	5	61
12	17	61	13	65	9	69	7	71
13	21	70	17	74	12	79	9	82
14	25	80	21	84	15	90	12	93
15	30	90	25	95	19	101	15	105

n: 검정쌍수

Ⅶ. Wilcoxon 순위합 검정표

(양측검정, 유의수준 0.05)

			n1	α =0.01 for a 1-tailed test or α =0.05 for a 2-tailed test							
		3	4	5	6	7	8	9	10	11	12
n2	3	6	6	6	7	7	8	8	9	9	10
		15	18	21	23	26	28	31	33	36	38
	4	6	10	11	12	13	14	14	15	16	17
		18	26	29	32	35	38	42	45	48	51
	5	6	11	17	18	20	21	22	23	24	26
		21	29	38	42	45	49	53	57	61	64
	6	7	12	18	26	27	29	31	32	34	35
		23	32	42	52	57	61	65	70	74	79
	7	7	13	20	27	36	38	40	42	44	46
		26	35	45	57	69	74	79	84	89	94
	8	8	14	21	29	38	48	51	53	55	58
		28	38	49	61	74	88	93	99	105	110
	9	8	14	22	31	40	51	62	65	68	71
		31	42	53	65	79	93	109	115	121	127
	10	9	15	23	32	42	53	65	78	81	84
		33	45	57	70	84	99	115	132	139	146
	11	9	16	24	34	44	55	68	81	96	99
		36	48	61	74	89	105	121	139	157	165
	12	10	17	26	35	46	58	71	84	99	116
		38	51	64	79	94	110	127	146	165	184

Ⅷ. Kruskal-Wallis 검정

			α			
n1	n2	n3	0.10	0.05	0.02	0.01
1	1	2	-	-	-	-
1	1	3	-	-	-	-
1	1	4	-	-	-	-
1	1	5	-	-	-	-
1	2	2	-	-	-	-
1	2	3	4.286	-	-	-
1	2	4	4.500	-	-	-
1	2	5	4.200	5.000	-	-
1	3	3	4.571	5.143	-	-
1	3	4	4.056	5.389	-	-
1	3	5	4.018	4.960	6.400	-
1	4	4	4.167	4.967	6.667	-
1	4	5	3.987	4.986	6.431	6.954
1	5	5	4.109	5.127	6.146	7.309
2	2	2	4.571	-	-	-
2	3	3	4.500	4.714	-	-
2	4	4	4.500	5.333	6.000	-
2	5	5	4.373	5.160	6.000	6.533
2	3	3	4.694	5.361	6.250	-
2	4	4	4.511	5.444	6.144	6.444
2	5	5	4.651	5.251	6.294	6.909
2	4	4	4.554	5.454	6.600	7.036
2	5	5	4.541	5.273	6.541	7.204
2	5	5	4.623	5.338	6.469	7.392
3	3	3	5.067	5.689	6.489	7.200
3	4	4	4.709	5.791	6.564	7.000
3	5	5	4.533	5.648	6.533	7.079
3	4	4	4.546	5.598	6.712	7.212
3	5	5	4.549	5.656	6.703	7.477
3	5	5	4.571	5.706	6.866	7.622
4	4	4	4.654	5.692	6.962	7.654
4	5	5	4.668	5.657	6.976	7.760
4	5	5	4.523	5.666	7.000	7.903
5	5	5	4.580	5.780	7.220	8.000

IX. Studentized range (1)

					유의수준 : 0.05				
처리수 / 자유도	2	3	4	5	6	7	8	9	10
5	3.64	4.6	5.22	5.67	6.03	6.33	6.58	6.8	6.99
6	3.46	4.34	4.9	5.31	5.63	5.89	6.12	6.32	6.49
7	3.34	4.16	4.69	5.06	5.36	5.61	5.82	6	6.16
8	3.26	4.04	4.53	4.89	5.17	5.4	5.6	5.77	5.92
9	3.2	3.95	4.42	4.76	5.02	5.24	5.43	5.6	5.74
10	3.15	3.88	4.33	4.65	4.91	5.12	5.3	5.46	5.6
11	3.11	3.82	4.26	4.57	4.82	5.03	5.2	5.35	5.49
12	3.08	3.77	4.2	4.51	4.75	4.95	5.12	5.27	5.4
13	3.06	3.73	4.15	4.45	4.69	4.88	5.05	5.19	5.32
14	3.03	3.7	4.11	4.41	4.64	4.83	4.99	5.13	5.25
15	3.01	3.67	4.08	4.37	4.59	4.78	4.94	5.08	5.20
16	3	3.65	4.05	4.33	4.56	4.74	4.9	5.03	5.15
17	2.98	3.63	4.02	4.30	4.52	4.70	4.86	4.99	5.11
18	2.97	3.61	4	4.28	4.49	4.67	4.82	4.96	5.07
19	2.96	3.59	3.98	4.25	4.47	4.65	4.79	4.92	5.04
20	2.95	3.58	3.96	4.23	4.45	4.62	4.77	4.9	5.01
24	2.92	3.53	3.9	4.17	4.37	4.54	4.68	4.81	4.92
30	2.89	3.49	3.84	4.1	4.3	4.46	4.6	4.72	4.83
40	2.86	3.44	3.79	4.04	4.23	4.39	4.52	4.63	4.74
60	2.83	3.4	3.74	3.98	4.16	4.31	4.44	4.55	4.65
120	2.8	3.36	3.69	3.92	4.1	4.24	4.36	4.48	4.56
∞	2.77	3.31	3.63	3.86	4.03	4.17	4.29	4.39	4.47

IX. Studentized range (2)

자유도 \ 처리수	2	3	4	5	6	7	8	9	10
					유의수준 : 0.01				
5	5.70	6.98	7.80	8.42	8.91	9.32	9.67	9.97	10.24
6	5.24	6.33	7.03	7.56	7.97	8.32	8.61	8.87	9.10
7	4.95	5.92	6.54	7.01	7.37	7.68	7.94	8.17	8.37
8	4.75	5.64	6.20	6.62	6.96	7.24	7.47	7.68	7.86
9	4.60	5.43	5.96	6.35	6.66	6.91	7.13	7.33	7.49
10	4.48	5.27	5.77	6.14	6.43	6.67	6.87	7.05	7.21
11	4.39	5.15	5.62	5.97	6.25	6.48	6.67	6.84	6.99
12	4.32	5.05	5.50	5.84	6.10	6.32	6.51	6.67	6.81
13	4.26	4.96	5.40	5.73	5.98	6.19	6.37	6.53	6.67
14	4.21	4.89	5.32	5.63	5.88	6.08	6.26	6.41	6.54
15	4.17	4.84	5.25	5.56	5.80	5.99	6.16	6.31	6.44
16	4.13	4.79	5.19	5.49	5.72	5.92	6.08	6.22	6.35
17	4.10	4.74	5.14	5.43	5.66	5.85	6.01	6.15	6.27
18	4.07	4.70	5.09	5.38	5.60	5.79	5.94	6.08	6.20
19	4.05	4.67	5.05	5.33	5.55	5.73	5.89	6.02	6.14
20	4.02	4.64	5.02	5.29	5.51	5.69	5.84	5.97	6.09
24	3.96	4.55	4.91	5.17	5.37	5.54	5.69	5.81	5.92
30	3.89	4.45	4.80	5.05	5.24	5.40	5.54	5.65	5.76
40	3.82	4.37	4.70	4.93	5.11	5.26	5.39	5.50	5.60
60	3.76	4.28	4.59	4.82	4.99	5.13	5.25	5.36	5.45
120	3.70	4.20	4.50	4.71	4.87	5.01	5.12	5.21	5.30
∞	3.64	4.12	4.40	4.60	4.76	4.88	4.99	5.08	5.16

X. Duncan의 다중검정 범위

자유도	a	처리수									
		2	3	4	5	6	7	8	9	10	20
1	.05	18.0	18.0	18.0	18.0	18.0	18.0	18.0	18.0	18.0	18.0
	.01	90.0	90.0	90.0	90.0	90.0	90.0	90.0	90.0	90.0	90.0
2	.05	6.09	6.09	6.09	6.09	6.09	6.09	6.09	6.09	6.09	6.09
	.01	14.0	14.0	14.0	14.0	14.0	14.0	14.0	14.0	14.0	14.0
3	.05	4.50	4.50	4.50	4.50	4.50	4.50	4.50	4.50	4.50	4.50
	.01	8.26	8.5	8.6	8.7	8.8	8.9	8.9	9.0	9.0	9.3
4	05	3.93	4.01	4.02	4.02	4.02	4.02	4.02	4.02	4.02	4.02
	.01	6.51	6.8	6.9	7.0	7.1	7.1	7.2	7.2	7.3	7.5
5	.05	3.64	3.74	3.79	3.83	3.83	3.83	3.83	3.83	3.83	3.83
	.01	5.70	5.96	6.11	6.18	6.26	6.33	6.40	6.44	6.5	6.8
6	.05	3.46	3.58	3.64	3.68	3.68	3.68	3.68	3.68	3.68	3.68
	.01	5.24	5.51	5.65	5.73	5.81	5.88	5.95	6.00	6.0	6.3
7	05	3.35	3.47	3.54	3.58	3.60	3.61	3.61	3.61	3.61	3.61
	.01	4.95	5.22	5.37	5.45	5.53	5.61	5.69	5.73	5.8	6.0
8	.05	3.26	3.39	3.47	3.52	3.55	3.56	3.56	3.56	3.56	3.56
	.01	4.74	5.00	5.14	5.23	5.32	5.40	5.47	5.51	5.5	5.8
9	.05	3.20	3.34	3.41	3.47	3.50	3.52	3.52	3.52	3.52	3.52
	.01	4.60	4.86	4.99	5.08	5.17	5.25	5.32	5.369	5.4	5.7
10	05	3.15	3.30	3.37	3.43	3.46	3.47	3.47	3.47	3.47	3.48
	.01	4.48	4.73	4.88	4.96	5.06	5.13	5.20	5.24	5.28	5.55
11	.05	3.11	3.27	3.35	3.39	3.43	3.44	3.45	3.46	3.46	3.48
	.01	4.39	4.63	4.77	4.86	4.94	5.01	5.06	5.12	5.15	5.39
12	.05	3.08	3.25	3.33	3.36	3.40	3.42	3.44	3.44	3.46	3.48
	.01	4.32	4.55	4.68	4.76	4.81	4.92	4.96	5.02	5.07	5.26
13	05	3.06	3.21	3.30	3.35	3.38	3.41	3.42	3.44	3.45	3.47
	.01	4.26	4.48	4.62	4.69	4.74	4.84	4.88	4.94	4.98	5.15
14	.05	3.03	3.18	3.27	3.33	3.37	3.39	3.41	3.42	3.44	3.47
	.01	4.21	4.42	4.55	4.63	4.70	4.78	4.83	4.87	4.91	5.07
15	.05	3.014	3.16	3.25	3.31	3.36	3.38	3.40	3.42	3.43	3.47
	.01	4.17	4.37	4.50	4.58	4.64	4.72	4.77	4.81	4.84	5.00

XI. 상관계수의 유의성 검정값

자유도	0.05(α)	0.01(α)	df	0.05(α)	0.01(α)
1	0.997	1	16	0.468	0.590
2	0.950	0.990	17	0.456	0.575
3	0.878	0.959	18	0.444	0.561
4	0.811	0.917	19	0.433	0.549
5	0.754	0.874	20	0.423	0.537
6	0.707	0.834	21	0.413	0.526
7	0.666	0.798	22	0.404	0.515
8	0.632	0.765	23	0.396	0.505
9	0.602	0.735	24	0.388	0.496
10	0.576	0.708	25	0.381	0.487
11	0.553	0.684	26	0.374	0.478
12	0.532	0.661	27	0.367	0.470
13	0.514	0.641	28	0.361	0.463
14	0.497	0.623	29	0.355	0.456
15	0.482	0.606	30	0.349	0.449

참고문헌

김내수 외. 《응용통계학》. 유한문화사, 1994.

김우철 외. 《일반통계학》. 영지문화사, 2004.

유동선 · 장한명. 《이공계 통계학》. 집현사, 1985.

한원식. 《통계적 방법의 이해와 응용》. 자유아카데미, 1995.

채영암 외. 《생물통계학》. 향문사, 2000.

한원식. 《통계적 방법》. 자유아카데미, 1997.

Byrkit, D. R. *Statistics today : A comprehensive introduction.* Menlo Park : Benjamin/Cummings Pub., Menlo Park, 1987.

Clark, G. M. *Statistics and experimental design.* London : Edward Arnold, 1980.

Hadeler, K. P. *Mathematik fuer Biologen.* Berlin : Springer Verlag, 1974.

Hampton, R. E. *Introductory biological statistics.* Oxford : Wm. C. Brown Pub., 1994.

Rosner, B. *Fundamentals of biostatistics.* Pacific Grove : Duxbury, 1999.

Scheiner, S. M., J. Gurevitch. *Design and analysis of ecological experiments.* New York : Chapman & Hall, 1993.

Snedecor, G. W., W. G. Cochran. *Statistical methods.* 6th ed. Ames : Iowa State Univ. Press, 1976.

Schefler, W. C. *Statistics : Concepts and application.* Menlo Park : Benjamin/Cummings Pub., 1988.

Underwood, A. J. *Experiments in ecology.* Cambridge : Cambridge Univ. Press, 1997.

Zar, J. H. *Biostatistical analysis.* 4th ed. Upper Saddle River : Prentice Hall, 1999.

▌찾아보기

ㅁ

ㅂ

ㅅ

ㅋ

ㅌ

ㅍ

ㅎ

D

F

K

R

S

T

W

X

학술연구총서·67

생물통계학

초판 발행 2005년 3월 10일
초판 10쇄 2020년 9월 7일
지은이 류문일·김진수·홍기창
펴낸곳 **고려대학교출판문화원**
www.kupress.com
kupress@korea.ac.kr
02841 서울특별시 성북구 안암로 145
02-3290-4230, 4232
Fax 923-6311
찍은곳 네오프린텍(주)

ISBN 978-89-7641-745-9 94470
ISBN 978-89-7641-352-9 (세트)
값 12,000원

* 잘못 만들어진 책은 바꿔드립니다.